# Werkstattbücher

## Für Betriebsfachleute Konstrukteure und Studenten

Herausgeber:
H. Determann  W. Malmberg  H. Rattay

**8**

C.-E. Bleckmann

# Die Härterei

## Einrichtung und Betrieb

7. völlig neubearbeitete Auflage
des früher von P. Klostermann † unter dem Titel
„Die Praxis der Warmbehandlung des Stahles"
bearbeiteten Heftes

Springer-Verlag Berlin Heidelberg GmbH 1969

**Herausgeber-Kollegium der Werkstattbücher**

Dr.-Ing. HERMANN DETERMANN, Schulbehörde Hamburg
Dipl.-Ing. WERNER MALMBERG, Ingenieurschule Hamburg
Prof. Dipl.-Ing. Dr. HELMUT RATTAY, Hamburg

**Verfasser dieses Heftes**

Dipl.-Ing. CARL-ERNST BLECKMANN, Ingenieurschule Hamburg

# Inhaltsverzeichnis






ISBN 978-3-540-04752-0     ISBN 978-3-642-86280-9 (eBook)
DOI 10.1007/978-3-642-86280-9

# Vorwort

Die Entwicklung und Verfeinerung der Härtereitechnik seit Erscheinen der letzten Auflage[1] verlangten eine völlige Neubearbeitung dieses Heftes. Es behandelt die bei der praktischen Durchführung im Betrieb auftretenden Probleme und spricht in erster Linie den Betriebsfachmann in der stahlverarbeitenden Industrie an. Aber es wendet sich auch an die Konstrukteure, sowohl den Teile-Konstrukteur, der Anregungen zur wärmetechnisch zweckmäßigen Gestaltung und zur Werkstoffwahl sucht, als auch den Konstrukteur in der Arbeitsvorbereitung, der Betriebseinrichtungen plant und Vorrichtungen entwirft. Auch dem Studierenden möge es eine nützliche Hilfe sein. Fragen der Wirtschaftlichkeit und der Unfallverhütung sind in den einzelnen Abschnitten am Problem selbst erörtert. Damit soll ihre ständige Gegenwart und die Notwendigkeit zu ihrer Beachtung betont werden.

# Einleitung

Abgesehen von der Warmumformung durch Pressen, Walzen, Schmieden usw. erwärmt man den Stahl in der verarbeitenden Industrie entweder zum Glühen oder zum Härten als auch zum Vergüten.

*Geglüht* zur Verfeinerung des Gefüges (Normalglühen) werden in der Maschinenindustrie zunächst fast alle Werkstücke nach dem Schmieden und Pressen — größere ausnahmslos — und häufig auch ein zweites Mal nach dem Schruppen. Das gilt insbesondere für Teile, die hohen oder wechselnden Beanspruchungen ausgesetzt sind, wie z. B. Läufer für Turbinen und elektrische Maschinen, Kolbenstangen, Achsen und Zahnräder. Ferner glüht man Werkstücke, um die durch plastische Verformung und durch Schruppen hervorgerufenen Ungleichmäßigkeiten im Gefüge zu beseitigen und auch, um Spannungen aufzuheben. Teile ohne vorherige plastische Verformung (meist Abstechteile) werden zuweilen nach dem Schruppen geglüht (Spannungsfreiglühen oder Normalglühen), wenn sie gehärtet oder vergütet werden sollen oder auch zur Erleichterung ihrer Spanbarkeit (Grobkornglühen oder Weichglühen).

*Gehärtet* werden alle Werkstücke, die eine hohe Härte benötigen, vor allem, um den Verschleiß herabzusetzen.

*Vergütet* werden Werkstücke zur Erhöhung der Festigkeit und Zähigkeit, besonders aber auch zur Erhöhung des Verhältnisses von Streckgrenze zu Bruchfestigkeit. Je nach Art der Behandlung, besonders beim Anlassen, erhält man verschiedene Gütewerte. Vielfach werden Werkstücke vor einer spanenden Bearbeitung vergütet, um ein homogenes Gefüge zu schaffen, das sich besser bearbeiten läßt, weil harte Stellen und weiche Ferritbestandteile im Gefüge fehlen, die leicht zum „Schmieren" neigen. Die Standzeit der Werkzeuge steigt und die Oberfläche wird besser. Nachteilig beim Vergüten sind die beim Abschrecken unvermeidlichen Spannungen und die bei der erweiterten Behandlung anfallenden Kosten.

An dieser Stelle sei auf einige wichtige Voraussetzungen hingewiesen: eine wirtschaftliche Wärmebehandlung und sichere Wiederholbarkeit des Ergebnisses

---

[1] Bis zur 3. Auflage (1931 erschienen) hieß der Titel „Härten und Vergüten, II. Teil". Die ersten 3 Auflagen wurden von Dr. Ing. EUGEN SIMON bearbeitet und herausgegeben. Die 4. bis 6. Auflagen, bearbeitet unter dem Titel „Die Praxis der Warmbehandlung des Stahles" von PAUL KLOSTERMANN (gest. 11. 6. 63), sind 1940, 1943 und 1952 erschienen.

1*

sind nur mit einwandfreien Einrichtungen zu erreichen. Manches Werkstück läßt sich ohne Gefahr mit einfachen Hilfsmitteln härten und vergüten. Verwickelte und örtlich zu härtende Teile sowie Sonderstähle erfordern meist Sondereinrichtungen, dazu in jedem Fall gründliche Sachkenntnis und Verantwortungsbewußtsein des „Mannes am Ofen".

Die Räume sollen hinreichend groß und luftig sein. Sauberkeit und Übersichtlichkeit steigern die Arbeitsgüte in einem Härtereibetrieb. Dem Zweck dieses Heftes entsprechend werden darin von allen Einrichtungsgegenständen nur die grundsätzlich wichtigsten behandelt. Zum weitergehenden Studium wird im Text mit [  ] auf das am Schluß dieses Buches angegebene Schrifttum verwiesen. Die wissenschaftlichen Grundlagen für die verschiedenen Wärmebehandlungsverfahren sind in Heft 7 [1], die Eigenschaften der Stähle im allgemeinen in Heft 121 [11] und die der Werkzeugstähle im besonderen in Heft 50 [6] behandelt. Die genannten Hefte sind zum Studium dieses vorliegenden Heftes nicht erforderlich, befassen sich aber mit angrenzenden Gebieten und können so zum tieferen Verständnis beitragen.

# I. Die Wärmebehandlungsverfahren und ihre Durchführung

## A. Erwärmen

**1. Das Erwärmen von Werkstücken** am Beginn einer jeden Wärmebehandlung gleicht dem Erwärmen von Schmiedestücken und zählt nicht eigentlich zu den „Verfahren". Dennoch sei hier kurz darauf eingegangen, weil dabei entscheidende Fehler vorkommen können, die dann oft zu Unrecht dem Verfahren selbst angelastet werden. Zu unterscheiden sind grundsätzlich zwei Arten der Erwärmung nämlich durch:

**a) Wärmeübergang**

1. von heißen Gasen einer Ofenatmosphäre auf das Werkstück;
2. von erhitzten Flüssigkeiten (Blei-, Salzbad) auf das Werkstück;
3. von auf das Werkstück gerichteten Wärmequellen (Gasflamme).

**b) Wärmeerzeugung im Werkstück** (Widerstandserwärmung, induktive Erwärmung).

*Zu a).* Der *Wärmeübergang* auf das Werkstück hängt ab vom Temperaturunterschied zwischen dem wärmeabgebenden Mittel (Ofenatmosphäre oder Badflüssigkeit) und dem zu erwärmenden Werkstück. Hinzu kommt noch die strahlende Wärme der heißen Ofenwände. Maßgebend für die *Wärmeaufnahme* des Werkstückes ist ferner seine Größe und seine Gestalt, die hier ihren Ausdruck findet im Verhältnis der Oberfläche zum Rauminhalt (O/R-Verhältnis).

Die *Wärmeleitung* von der Oberfläche ins Innere des Werkstückes ist bei unlegiertem Stahl größer als bei legierten Stählen. Sie nimmt ab in folgender Reihe: C-, Si-, Mn-, Co-, W-, Cr-, Cr–Ni und Ni-Stähle. Je schlechter die Wärmeleitung ist, also z. B. beim Nickelstahl, umso langsamer muß das Werkstück erwärmt werden, sonst können, zumal bei massigen Teilen (kleines O/R-Verhältnis), infolge der großen Temperaturunterschiede zwischen Oberfläche und Kern des Stückes und den damit verbundenen verschiedenen Wärmedehnungen große Zugspannungen im Innern entstehen, bis zur Rißbildung. Erst wenn das Werkstück auch im Innern eine Temperatur von 650···700 °C angenommen hat, kann schneller erwärmt werden, denn oberhalb dieser Temperatur ist der Stahl schon so bildsam, daß die Spannungen sich unmittelbar durch Verformungen ausgleichen. Hierauf beruht auch das „Spannungsfreiglühen". Somit ist das richtige Erwärmen des Stahles im unteren Temperaturgebiet nur unter Beachtung bestimmter Regeln möglich, die durch praktische Erfahrungen und planmäßige Versuche für die jeweils in Frage kommenden Stahlsorten ermittelt werden. Hierüber berichtet STODT ausführlich [2, Kap IV] und beschreibt an Hand bildlicher Darstellung als Beispiel das Anwärmprogramm für einen 12 t-Rohblock (Bild 1). Weitere Untersuchungen über das Verhalten von Werkstücken aus Stahl bei wiederholtem Anwärmen und Abkühlen findet man in [1].

*Zu b).* Über die Ausnutzung der elektrischen Widerstandswärme bei der Wärmebehandlung des Stahles ist nichts bekannt. Sie wird aber in großem Umfange in der Schweißtechnik und beim Schmelzen von Stahl und anderen Metallen sowie auch in Sonderfällen, z. B. Beim Erwärmen von Nieten, verwendet.

Die elektrische Induktionswärme hat sich mit Erfolg eingeführt zum Härten (*Induktionshärten*) sowohl kleiner und großer Teile als auch zum Erwärmen von Schmiedestücken. Ihr Vorteil liegt in örtlicher Anwendung, wie z. B. beim Härten von Zähnen an Zahnrädern, Lagerstellen an Spindeln und Wellen und sogar Oberflächen großer Walzen. Für gleichartige Fälle ist auch das *Brennhärten* schon lange im Gebrauch, wo die zu härtenden Stellen mit offenen Gasflammen erwärmt werden (damit gehört es gliederungsmäßig allerdings in die Gruppe a 3). Beiden Verfahren gemeinsam ist die schnelle Zuführung großer Wärmemengen an den zu härtenden Stellen. So wird hier ein Wärmestau erzeugt und durch die *sofort* daran anschließende Abschreckung verhindert, daß diese Wärme weiter als gewollt ins Innere des Werkstückes eindringt. Wärmespannungen und Verzug werden dadurch weitgehend vermieden. Beide Verfahren sind wegen ihrer leichten Steuerbarkeit für die Reihen- und Massenfertigung bei Verwendung geeigneter Stahlsorten vorzüglich geeignet. Automatisch arbeitende Härtemaschinen lassen sich unmittelbar in die Fertigungsreihen und Fließbänder einbauen. Nähere Angaben über die Grundlagen und die praktische Durchführung nebst den dafür gebrauchten Einrichtungen enthalten die Werkstattbücher Heft 89 [8] und 116 [10].

Bei einer gesteuerten Erwärmung großer Querschnitte und legierter Stähle sind folgende 4 Stufen zu unterscheiden:

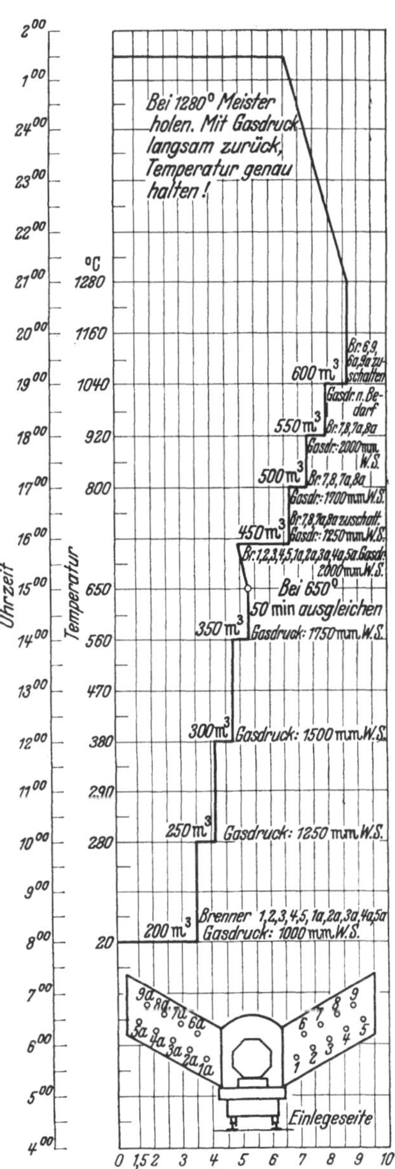


Bild 1. Anwärmprogramm. 12 t Rohblock, Stahl unlegiert, höchstens 0,35% C, Blockmaß: 800 cm achtkantig (aus [2]).

1. Langsames Vorwärmen auf 650···700 °C;
2. Ausgleichen der Temperatur auf dieser Höhe;
3. Beliebig schnelles Weitererwärmen auf die Endtemperatur;
4. Durchwärmen bei dieser Temperatur.

Kleine Querschnitte können unter Vernachlässigung der Stufe 2 erwärmt werden. Zwischen 20 und 650 °C beträgt bei weichen Stählen (C bis $\sim$ 0,35 %) und kleinen Abmessungen (bis $\sim$ 200 mm $\varnothing$) die Temperatursteigerung 30···250 °C/Std. und noch darüber. Mittelfeste Stähle und größere Abmessungen lassen nur noch eine Temperatursteigerung von etwa 10···30 °C/Std. zu. Bei festen und hochfesten Stählen sinken diese Werte auf 2···10 °C/Std. Ferner erfordert ein Spannungszustand des Werkstückes z. B. infolge voraufgegangener Kaltformung oder Abschreckung einen Abbau der Spannungen vor der eigentlichen Wärmebehandlung durch Spannungsfreiglühen oder zumindest durch eine langsamere Erwärmung. In Stufe 3 soll die Ofentemperatur zu Anfang etwa 250···400 °C höher liegen als die Werkstücktemperatur und dann langsamer steigen als diese.

Eine sorgfältige *Planung* und *Arbeitsvorbereitung* ist auch bei den Wärmebehandlungsverfahren in ähnlicher Weise notwendig wie sonst in der Fertigungstechnik. So müssen bei schwierigen Werkstücken oder Serienfertigung die Zwischentemperatur, die Endtemperatur und die Verweilzeiten genau so sorgfältig festgelegt werden wie bei einem Zerspanungsvorgang die Schnittbedingungen (s. Bild 1).

**2. Gebräuchliche Temperaturen.** Beim *Anlassen* liegen die Temperaturen im Eisen–Kohlenstoff-Diagramm (s. [1, 12, 17]) unter $A_1$, beim *Spannungsfreiglühen* in der Regel bei 550···650 °C. Zum *Weichglühen* und *Härten* enthält [1] Anhaltswerte für die gängigsten Bau-, Vergütungs-, Einsatz-, Nitrier- und Schnellstähle.

Dickere Stücke der gleichen Stahlsorte erwärmt man beim Härten etwas höher als dünnere, damit sie besser durchhärten. Allgemeiner Grundsatz: für Kohlenstoffstahl die niedrigste Temperatur wählen, bei der gerade noch die richtige Glashärte erzielt wird, für Schnellarbeitsstähle dagegen die höchste Temperatur, bei der sie noch nicht überhitzt werden. In Zweifelsfällen erfragt man bei dem Lieferwerk die günstigste Behandlungstemperatur. Um jedoch Werkstückform, Ofenart und -führung zu berücksichtigen, sind manchmal eigene Härteversuche notwendig. So ist z. B. bei Schnellstahlwerkzeugen mit thermischer Beanspruchung (große Spanquerschnitte ohne Kühlung) eine hohe Aushärtung unerläßlich, d. h. Härten bei höchster Temperatur und nachfolgendes Anlassen bei 580···590 °C.

Ist die richtige *Härtetemperatur* nicht bekannt, auch nicht annähernd, so kann man sie auch durch Versuche bei verschiedenen Temperaturen ermitteln. Ein anderes Verfahren beruht darauf, daß Stähle mit über 0,8% Kohlenstoff fast genau mit dem Erreichen der Härtetemperatur *unmagnetisch* werden. Nimmt man den Stahl während des Erwärmens ab und zu aus dem Ofen und führt ihn an einem Magneten vorbei, so ist die richtige Härtetemperatur erreicht, wenn er nicht mehr vom Magneten angezogen wird. Für Schnellstahl findet man die günstigste Härtetemperatur, wenn man die Werkzeuge bei verschiedenen Temperaturen härtet und dann praktisch die „Standzeit" der Schneide feststellt. Das ist zwar umständlich, läßt sich aber manchmal nicht umgehen. Derartige Versuche können auch für Kohlenstoffstähle wertvoll sein. Verkehrt und schädlich ist es, erst höher als notwendig zu erwärmen, dann bis zur richtigen Härtetemperatur abkühlen zu lassen und abzuschrecken. Das führt zu gröberem Korn und geringerer Zähigkeit, da beide von der höchst erreichten Temperatur bestimmt werden. Richtiger ist es, bei versehentlich zu hoher Erwärmung erst langsam abkühlen zu lassen bis unter den unteren Umwandlungspunkt $A_1$, nochmals bis zur *richtigen* Temperatur zu erwärmen und dann abzuschrecken.

**3. Glühdauer.** Gefüge und Eigenschaften eines Stahles hängen von der richtigen Temperatur ab. Über den Einfluß der Zeit beim Erwärmen s. Abschn. 1. Zum *Glühen* wird es oft kaum schaden, wenn man die Zeit über die völlige Durchwärmung hinaus verlängert. Für manche legierte Stähle, z. B. Schnellstähle, kann es sogar angebracht sein, je nach Dicke der Teile die Temperatur ein bis drei Stunden zu halten. Hingegen soll zum *Härten* die Anwärmzeit stets so kurz wie möglich sein, da jede unnötige Verlängerung sich in weniger feinem Gefüge mit geringerer Härte und Zähigkeit auswirkt (vgl. Abschn. 4). Am schnellsten erwärmen Flüssigkeitsbäder, weshalb man sie auch nur auf Glühtemperatur der Werkstücke einstellen soll. Dasselbe gilt bei Glühöfen, wenn man empfindliche Stähle zu erwärmen hat, In der Reihen- und Massenfertigung ist es zweckmäßig, auch die Zeiten durch Meßgeräte zu überwachen.

**4. Besondere Hinweise.** Im Sinne der vorstehend begründeten Maßnahme, die Öfen nicht über die verlangte Glühtemperatur der Werkstücke zu erhitzen, ist noch folgendes zu beachten: beim Plattenglühofen ist die Herdplatte immer wärmer als der freie Raum. In den Flüssigkeitsbädern ist oft die Tiegelwand heißer als die Badmitte. Sogar in elektrisch beheizten Öfen können erhebliche Temperaturunterschiede auftreten. Wird nämlich eine große Charge eingebracht, so sinkt die Temperatur und die Widerstände beginnen infolge der selbsttätigen Regelung mit voller Leistung zu heizen. Dabei werden sie selbst heißer als die eingestellte Temperatur bis diese überall im Ofenraum wieder erreicht ist. Das gilt ebenso für geregelte Gas- und Ölöfen.

Selbst bei gleichmäßiger Ofentemperatur können dünne Kanten, z. B. Werkzeugschneiden, geschädigt werden, weil sie schneller warm werden als die dicken Querschnitte und nach Erreichen der Härtetemperatur (Umwandlung) das Kristallkorn stetig wächst und die Sprödigkeit steigt. Viele Mißerfolge in der Praxis dürften auf diesen Umstand einer örtlichen *Überzeitung* zurückzuführen sein und nicht auf Überhitzung. Zu empfehlen ist daher in solchen Fällen, besonders bei Schnellarbeitsstahl, das Werkstück aus dem Bad einige Male kurz herauszuheben. Dabei kühlen sich die schnell erwärmten dünnen und vorspringenden Kanten auch am schnellsten ab und man erzielt einen Temperaturausgleich. Werkstücke, die nur an einem Ende gehärtet werden sollen, lassen sich in Salzbädern besonders gut erwärmen. Man muß aber durch leichte Änderung der Eintauchtiefe dafür sorgen, daß ein allmählicher Übergang zwischen warmem und kaltem Teil geschaffen wird, da eine scharfe Grenze Veranlassung zu starken Spannungen und Rissen gibt.

**a)** Bei Einsatzstählen können je nach Zusammensetzung und Erschmelzungsart verschiedene Korngrößen sowie Sauerstoff- und Stickstoffgehalte die Kohlungsgeschwindigkeit, die Höhe des Randkohlenstoffgehaltes und das Gefüge beeinflussen. Da die Stahlchargen stets etwas verschieden sind, sollte man den Randkohlenstoffgehalt nicht zu eng tolerieren und bei exakt einzuhaltenden Kohlungstiefen möglichst nur Stähle *einer* Charge verwenden.

Zum Erwärmen in Salzbädern muß das Härtegut zuvor in Vorwärmkammern auf 300···400 °C vorgewärmt werden, um ein Spritzen des Bades und Verzug durch ungleichmäßiges Erwärmen zu vermeiden. Die übliche *Kohlungstemperatur* beträgt 930 °C. Niedrigere Temperaturen bringen keinen Vorteil, denn dabei entsteht infolge der längeren Kohlungsdauer im selben Maße gröberes Korn. Da z. B. bei 850 °C sich die vierfache *Kohlungsdauer* bei gleicher Tiefe ergibt (Bild 14), ist außerdem bei gleicher Durchsatzmenge eine vierfache Ofenkapazität erforderlich. Hinsichtlich der Werkstückform ist bei größeren Kohlungstiefen z. B. von mehr als $^1/_5$ des Radius eines Werkstückes zu berücksichtigen, daß konvexe Flächen (z. B. Wellen tiefer aufkohlen als konkave Flächen (z. B. Bohrungen).

Bei chromhaltigen Einsatzstählen, die in der Randzone schwerlösliche Chromkarbide bilden und durch diese Kohlenstoffbindung die Einsatztiefe verkleinern, kann man durch möglichst hohe Kohlungstemperatur und rasche Abkühlung die Ausscheidung von Chromkarbiden in schädlicher Netzform verhindern. Bei Anwesenheit von Nickel, also bei den Cr–Ni-Einsatzstählen ist diese Gefahr nicht so groß. Die übrigen Legierungselemente wie Mn, Si, Mo, W, V erfordern keine besondere Rücksicht beim Einsatzhärten.

Durch eine *Grobkornbehandlung* der Einsatzstähle kann der *Werkzeugverschleiß* bei der spanenden Bearbeitung merklich vermindert werden. Der *Verzug* beim Einsatzhärten kann durch folgende Verfahren verringert werden:

1. Härten aus der Schmiedehitze und anschließendes Anlassen;
2. Abkühlen aus der Schmiedehitze auf 500···700 °C zur isothermen Umwandlung in der Perlitstufe;
3. Erwärmen auf 1000···1200 °C für einige Minuten, dann Abkühlen auf 500···700 °C zur Umwandlung in der Perlitstufe (isotherme Grobkornglühung genannt);
4. Härtung von 1000···1200 °C in rasch abkühlenden Mitteln (Wasser, Salzwasser u. ä.) und Anlassen auf die benötigte Festigkeit (Grobkornvergütung genannt) bei 690···740 °C. Dieses Verfahren kommt hauptsächlich für Cr–Ni-Stähle in Frage, die nach Verfahren 3. eine zu lange Umwandlungszeit benötigen würden.

**b) Werkzeugstähle** [6] haben Härtetemperaturen bis höchstens 950 C°. Sie werden zweckmäßig auf 400···500 °C vorgewärmt, nicht höher wegen der Verzunderungsgefahr. Chromhaltige Stähle erfordern wegen der schwer löslichen Chromkarbide längere Haltedauer auf Temperatur als unlegierte Werkzeugstähle. Anlassen soll man bei möglichst hohen Temperaturen, aber nicht so hoch, daß die Härte nachläßt. Hat man keine Anhaltswerte zur Hand, so probiert man zunächst mit folgenden Werten: wasserhärtende Werkzeugstähle bei 180···220 °C, ölhärtende bei ca. 250 °C, lufthärtende gelegentlich noch höher. Die Härte bei Schneidwerkzeugen soll möglichst nicht unter 63 HRC sinken.

**c) Hochchromhaltige Stähle** verlangen Härtetemperaturen von 930 bis 1100 °C. Nichtrostende Stähle zeigen dabei besonders in alkalischen oder cyanidhaltigen Salzbädern eine Graufärbung oder sogar eine geringe Aufrauhung, die schwer zu vermeiden ist. Für diese Stähle sind daher die Salzbäder sorgfältig auszuwählen.

**d) Schnellarbeitsstähle** [14] sind hochlegierte Stähle und sehr empfindlich gegen Abkohlung und falsche Härtetemperatur. Ihre Wärmeleitfähigkeit ist sehr gering. Sie werden deshalb bei der Behandlung in Salzbädern (und nicht nur dort) zweckmäßig in mehreren Stufen (meistens 3) langsam auf die erforderliche Temperatur gebracht, etwa so:
Vorwärmen in der Vorwärmkammer auf rd. 500 °C; erste Anwärmstufe bei rd. 900 °C, zweite Stufe bei rd. 1100 °C; dritte Stufe ist die Härtetemperatur von 1250···1310 °C.
Beim Einhängen dürfen die Teile nicht die Elektroden berühren, da sonst Brennstellen entstehen.
Die *Folienprobe* (s. Abschn. 21) sollte wegen der Empfindlichkeit der Schnellstähle gegen Abkohlen bei hohen Temperaturen alle 4, bei niedrigeren Temperaturen alle 8 Stunden durchgeführt werden. Dazu sind etwa folgende Tauchzeiten für die Folien einzuhalten: bei 900 °C 20 min; bei 1100 °C 10 min; bei 1230···1250 °C 3 min. Schnellstahl wird heute allgemein nicht mehr in Öl oder Luft, sondern im Salzbad abgeschreckt. Darin verbleiben die Teile bis zum Temperaturausgleich, kühlen dann an Luft völlig ab und werden im gleichen Bad zweimal hintereinander bei ca. 560 °C angelassen.

**e) Für hochlegierte Warmarbeitsstähle** [6] mit Härtetemperaturen über 1000 °C gilt das gleiche wie für die Schnellstähle, nur liegen die Härtetemperaturen meist niedriger und die Anlaßtemperaturen meist höher (600 bis 650 °C).

**5. Entkohlung und Zunderbildung.** Die chemischen Einwirkungen auf die Stahloberfläche wachsen mit der Temperatur und der Dauer der Wärmebehandlung. Der Widerstand des Stahles dagegen hängt wesentlich von seinem Legierungs- und Kohlenstoffgehalt ab. Gewisse Sonderstähle sind gegen chemische Einwirkungen ungemein widerstandsfähig. Eine entkohlte Schicht ist nicht mehr härtbar. Sie kann unschädlich sein, wenn sie dünn ist und die Fläche nach dem Härten noch geschliffen wird, wie z. B. bei vielen Schneidwerkzeugen, bei Lehren, Kugeln, Laufflächen, -ringen usw. Unbedingt zu vermeiden ist dagegen die Entkohlung bei Werkzeugen, die nur an der Spanfläche nachgeschliffen werden, wie z. B. hinterdrehte Fräser, Formmeißel, viele Gewindebohrer, Schneideisen, vielgestaltige Schneidwerkzeuge u. a.

**a)** In der Ofenatmosphäre fehlen, wenn keine besonderen Vorsichtsmaßnahmen getroffen sind, kaum jemals Gase, die auf die Werkstückoberfläche einwirken: Sauerstoff aus den Verbrennungsgasen und der Luft entkohlt und zundert; Wasserstoff entkohlt, aber zundert nicht; Stickstoff macht den Stahl spröder. Sogar Schwefel kann u. U. vorkommen. Um Menge und Art der wirksamen Gase einzuschränken, ist ein sehr einfaches Mittel schon die Verringerung der Luftmenge und die Einstellung der Brenner auf Gasüberschuß. Diese Einstellung wendet man häufig in *Kammer- und Plattenglühöfen* an. Man erzielt damit eine „reduzierende Atmosphäre", weil sich neben der Kohlensäure auch Kohlenoxyd bildet, das die Neigung hat, Sauerstoff zu binden und ihn dadurch dem Stahl zu entziehen. Solche Atmosphären sind aber nur durch höheren Brennstoffaufwand herzustellen. Zudem schützen auch sie den Stahl nicht vollkommen: einmal kann durch die Zersetzung von Kohlensäure und Wasserdampf leicht Sauerstoff entstehen, sodann bildet sich unvermeidlich feuchter Wasserstoff, der bei höheren Temperaturen den Stahl entkohlen kann.

**b)** Sicherer, aber auch aufwendiger ist das Einpacken des Glühgutes in einen Kasten oder ein Rohr mit einem neutralen Stoff (Graugußspäne, ausgebrannter Koksgrieß, Sand u. ä.) und luftdichtes Verschließen mit einem Deckel. Dieses Verfahren hat den Vorteil, daß das Glühgut gleichmäßig erhitzt wird. Dem stehen jedoch so große Nachteile gegenüber, daß dieses Verfahren heute nur noch ausnahmsweise angewendet wird. Das sind die höheren Kosten für das Einpacken und der höhere Wärmeverbrauch sowie die Anschaffung und Instandhaltung der Kästen.

Ein ähnliches Verfahren wird heute noch zum *Blankglühen* von Bändern und Drähten verwendet: Das Glühgut wird zusammen mit ölgetränkten Lappen in verschließbare *Töpfe* verpackt und in einem *Topfglühofen* [12] erhitzt. Durch ein Ventil können die Ölgase abziehen. Nach dem Glühprozeß muß vor dem Öffnen der Töpfe zum Abkühlen erst Schutzgas eingelassen werden, damit eine Verzunderung nicht noch nachträglich eintritt.

**c)** Dem Verzundern sind die Werkstücke naturgemäß am stärksten in *Muffel-* und *elektrischen Glühöfen* ausgesetzt, weil darin nur Luft und keine schützende Gasatmosphäre vorhanden ist. Hier erzielt man eine Verbesserung durch einen Gasschleier vor der Beschickungstür. Manchmal genügt schon ein Stück Holzkohle innen vor der Tür, was man übrigens auch bei Kammeröfen sieht. Besser bewährt hat sich das Einleiten von *inerten* (reaktionsträgen) oder von kohlehaltigen Gasen, die einer Oxydation vorbeugen. Bei Muffelöfen als *Durchlauföfen* erreicht man einen gewissen Schutz durch Gasschleusen vor und hinter der Heizstrecke. Muffeln sind teuer in der Anschaffung und Wartung. Billiger arbeiten Öfen mit *Strahlrohrheizung* (Bild 2), bei denen die Flamme von der Ofenatmosphäre getrennt ist: Das befreit aber nicht von dem Schutz des Glühraumes durch Gasschleusen. Diese Anordnung sieht man häufig bei großen Öfen wie z. B. Durchlauföfen und Blechglühöfen.

Einen sehr guten Schutz gegen Entkohlen und Zundern geben die *Metall*- und *Salzbäder* (s. Abschn. 39 ff.). *Bleibäder* haben praktisch überhaupt keine chemische Einwirkung auf das Glühgut, werden aber aus gesundheitlichen Gründen nur selten verwendet. *Salzbäder* sind in verschiedener Zusammensetzung im Gebrauch:

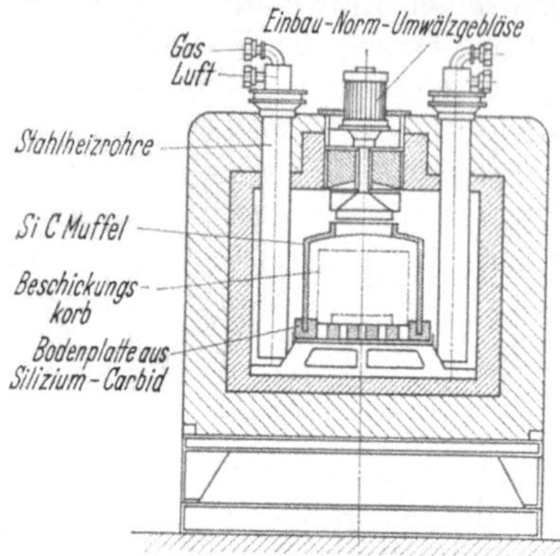


Bild 2. Kammerofen mit Strahlrohrheizung (Bauart Aichelin).

1. Das Kohlenstoffpotential der Salzschmelze ist das gleiche wie der Randkohlenstoffgehalt des Stahles. In diesen Bädern behandelt man überwiegend Einsatz- und Baustähle.

2. Das Kohlenstoffpotential des Bades ist höher oder tiefer als der Randkohlenstoffgehalt des Stahles. Die Kohlenstoffdiffusion ist dabei innerhalb der erforderlichen Härtezeiten aber so gering, daß der Kohlenstoffgehalt des Werkstückes praktisch nicht verändert wird. Diese Bäder nimmt man überwiegend zur Wärmebehandlung von Werkzeug- und Schnellstahl, also bis zu den höchsten Temperaturen von 1300 °C.

3. Die Bäder können durch Mischen verschiedener Salze so eingestellt werden, daß sie sich praktisch „neutral" verhalten (s. Abschn. 41).

**6. Schutzgase** sollen einen Stoffaustausch zwischen der Stahloberfläche und der Ofenatmosphäre entweder verhindern oder bewußt herbeiführen. Bild 3 gibt einen Überblick über diesen Austausch. Der Ausdruck „Schutzgas" ist also insofern irreführend, als die so bezeichneten Gase nicht nur zum Schutz der Stahloberfläche (gegen Auf- oder Entkohlen, Auf-

| Element | Reaktionsgase | Richtung des Austausches | technische Verfahren |
|---|---|---|---|
| Sauerstoff | $H_2/H_2O$, $CO/CO_2$ | → | kontrollierte Oxydation, z. B. Bläuen |
| | | ← | Zunderreduzieren |
| | | | Blankglühen |
| Kohlenstoff | $CO/CO_2$, $CH_4/H_2$ | → | Aufkohlen, Durchkohlen, Wiederaufkohlen |
| | | ← | Entkohlen, z.B. Elektroblech, weißer Temperguß |
| | | | entkohlungsfrei Glühen, Härten, Sintern |
| Stickstoff | $NH_3/H_2$ | → | Gasnitrieren |
| | | ← | Entsticken |
| Kohlenstoff und Stickstoff | $CO/CO_2$, $CH_4/H_2$, $NH_3/H_2$ | → | Karbonitrieren |
| | | ← | Entkohlen und Entsticken |

Bild 3. Stoffaustausch zwischen Wärmgut und Ofenatmosphäre.

oder Entsticken u. ä.) eingesetzt werden, sondern häufig ganz bewußt einen Stoffaustausch herbeiführen sollen wie z. B. beim Aufkohlen, Aufsticken usw. Der Name ist demnach nur ein Sammelbegriff für „künstliche Ofenatmosphären" und sollte im zweiten Fall des gewollten Stoffaustausches besser durch eine andere Bezeichnung — z. B. Behandlungsgas o. ä. — ersetzt werden. Für jeden einzelnen Wärmebehandlungsfall ist das entsprechende Schutzgas sorgfältig auszuwählen. In der Literatur [9, 12] findet der Leser genaue Angaben über die einzelnen Schutzgastypen, ihre Einsatzgebiete und die dazu erforderlichen Erzeugungsanlagen.

## B. Abkühlen

**7. Langsames Abkühlen** kommt zur Anwendung entweder nach der Warmformung oder nach einer Glühbehandlung. Große Werkstücke aus niedrig gekohltem Stahl können unbedenklich aus dem warmen Ofen genommen und an einem trockenen, zugfreien Ort zum Abkühlen gebracht werden. Bei bewegter Luft kann es zu Aufhärtungserscheinungen kommen. Werkzeugstahl läßt man am besten im Ofen mit diesem zusammen erkalten. Der Ofen darf jedoch keine höhere Temperatur haben, als für das Werkstück zulässig ist, weil dieses sonst überhitzt würde. Auch geht dabei die Ofenwärme verloren und der Ofen selbst ist für längere Zeit belegt. Eingepackte Teile erkalten am besten gleich im Kasten, sofern nicht eine schnellere Abkühlung wünschenswert ist. Kleinere Stücke, die einzeln aus dem Ofen genommen werden und für die die Luftkühlung zu schnell ist, können auch in Asche oder trockenem Kalk zum Erkalten eingepackt werden. Flache, dünne Teile legt man manchmal im Kasten auch noch zwischen eiserne Platten, die man auf Kirschrotglut erhitzt. Sehr große Teile, die langsam abkühlen müssen, sei es aus Spannungsgründen (Wärmespannungen, Umwandlungsspannungen) oder Gestaltgründen (kleinere Querschnitte und größere Oberfläche kühlen schneller ab), bringt man, wenn man den Ofen nicht blockieren will, in Kühlgruben, die für eine gesteuerte Abkühlung mit einer geringen zusätzlichen Beheizung durch Abgase oder Umwälzbrenner versehen sein können.

In jedem Fall ist die Abkühlgeschwindigkeit beim Erkalten an ruhender Atmosphäre — im Gegensatz zu der im Ofen — nicht eindeutig, da je nach Werkstückdicke, ihrer Zahl und Lage diese Geschwindigkeit sehr verschieden sein kann. Auch ist die Wirkung der Abkühlung werkstoffabhängig. So wird sich ein unlegierter Kohlenstoffstahl anders verhalten als z. B. ein hochlegierter Stahl, der ohnehin zur Lufthärtung neigt. Die Abkühlung muß stets dem Zweck der Wärmebehandlung entsprechen. Im einen Falle soll keine Aufhärtung eintreten und dann wieder, wie im Falle des Normalglühens, soll die Abkühlung dennoch genügend schnell sein, um feines Korn zu erreichen.

**8. Rasches Abkühlen (Abschrecken).** Beim Härten bringt man das erwärmte Werkstück auf dem kürzesten Wege und schnell in das Abschreckbad, damit die Oberfläche wenig Gelegenheit hat, an der Luft zu oxydieren, d. h. zu zundern. Der geringe Temperaturverlust dabei schadet nichts. Manche Härter vergrößern ihn absichtlich und kühlen z. B. empfindliche Werkzeuge aus Stahl mit mehr als 1% C, die auf 740⋯770 °C erwärmt wurden, aus Vorsicht erst bei 710⋯730 °C ab, um die unvermeidlichen Abschreckspannungen so klein wie möglich zu halten. Zu berücksichtigen sind beim raschen Abkühlen:
*Härtbarkeit* des Stahles (vgl. Härtbarkeitsprüfung[1]), *Abschreckvermögen*, Temperatur und Bewegung des Abschreckmittels, *Wärmeleitfähigkeit*, *Größe* und *Form* des Werkstückes, Beschaffenheit der *Oberfläche* (Zunder) und die *Zeit*, die das Werkstück im Abschreckmittel verbleibt.

**9. Wahl des Abschreckmittels.** Die wichtigste Regel ist: nicht schroffer abschrecken als für die verlangte Härte unbedingt notwendig ist, da sonst Verzug und Spannungen und als Folge Härterisse auftreten (hierüber siehe ausführlich [1]). Das gleiche Abschreckmittel wirkt umso stärker, je dünner das Werkstück ist. Maßgebend ist hier: je kleiner das $O/R$-Verhältnis des Werkstückes ist, um so langsamer die Abkühlung. Eine Kugel von 50 mm Durchmesser ($O/R = 0,12$) kühlt fast 17mal langsamer ab als eine volumengleiche Scheibe von 289 mm Durchmesser und 1 mm Dicke ($O/R = 2,02$) bei gleicher Kühlflüssigkeit [12]. Aus dem gleichen Grunde wird ein dünnes, flaches Stück schon in Öl oder zwischen zwei eisernen Platten ausreichend hart, während ein dickes Stück die gleiche Härte erst beim Abkühlen in kaltem Wasser erreicht. So härtet man kleine Stahlkugeln z. B. in Öl, große aus dem gleichen Werkstoff dagegen in Salzwasser. Auch feste Abkühlmittel, wie z. B. eiserne Platten, können eine ausreichende Härte ergeben, wie bei der Massenfertigung von Sägen,

Klingen, Bändern und anderen dünnen Teilen. Im Durchlaufverfahren verwendet man auch Walzenpaare oder metallische Härtebacken, die innen oder rückseitig durch Wasser oder Luft gekühlt werden.

**10. Menge und Einwirkdauer des Kühlmittels.** *Genügende Menge*, d. h. ein ausreichend großes Bad ist nötig, damit auch bei häufigem Gebrauch die Temperatur der Flüssigkeit nicht erheblich ansteigt und die Wirkung beeinträchtigt. Außer der Größe hat darauf die Konstruktion des Bades einen großen Einfluß. Für die Berechnung der Behältergröße kann man folgende Faustformel ansetzen [12]

$$X = G\left(3 + \frac{O}{10\,V}\right).$$

Darin sind:

$X =$ Badvolumen [m³],                $V =$ Werkstückvolumen [m³],
$O =$ Werkstückoberfläche [m²],       $G =$ Werkstückgewicht [kp].

Voraussetzung ist eine einwandfreie Kühlung und eine Umwälzung der Flüssigkeit innerhalb von 20···30 min (wichtig für die Größe der Umwälzpumpe).

*Genügend lange Abkühlzeit* ist nötig, weil zunächst nur die äußere Schicht abgekühlt wird und die Wärme aus dem Innern nur langsam durch die äußeren Schichten abgeleitet wird. Kühlt man ein dickes Stück zu kurze Zeit ab, so wird es außen zunächst hart, aber die aus dem Innern nachströmende Wärme läßt die äußere Schicht wieder an. Für Teile aus wasserhärtendem Werkzeugstahl wird nach schroffem Abschrecken außen die von innen nachströmende Wärme genügend rasch und doch nicht zu rasch von einem Ölbad aufgenommen. Deshalb ist das Abschrecken zunächst in Wasser, dann in Öl, fast immer das beste.

Im Wasser bleiben dabei die Teile zum Abschrecken nur kurze Zeit, die dünnsten kaum 1 sec. Es verlangt viel Erfahrung und Übung, diese Zeit richtig zu bemessen. Geringes Fehlgreifen kann Risse zur Folge haben bei zu langer Zeit und ungenügende Härte bei zu kurzer Zeit. Mit dem Aufhören der zitternden Bewegung oder des klingenden Geräusches, das das glühende Stück hervorruft, ist der Augenblick gekommen, es aus dem Wasser in das Öl zu geben. Gesenke sind im Wasser genügend abgekühlt, wenn man einen Finger ein paar Sekunden in die „Figur" halten kann. Man kann sie dann auf einer Platte anlassen oder in Öl legen. In einer Reihenfertigung ist es zweckmäßiger, mit nur einem einzigen Kühlmittel zu arbeiten.

Damit bei sehr starken Stücken aus hochgekohltem Stahl die von innen nachströmende Wärme die äußere Schicht nicht anläßt, verringert man die innere Wärmemenge durch Entfernen der inneren Werkstoffschicht. So bohrt man starke Gewindebohrer, Reibahlen, Stahlwalzen u. dgl. hohl. Dadurch ist auch eine größere Sicherheit gegen Reißen gegeben, weil die Wärme auch nach innen abfließen kann und Schrumpfungen nicht mehr durch den Kern verhindert werden.

**11. Bewegung zwischen Werkstück und Flüssigkeit.** Die Bewegung soll immer neue, kühle Flüssigkeit an die heißen Flächen heranbringen und angesetzte Dampfblasen fortspülen. Je stärker sie ist, um so besser ist der Wärmeübergang. Die Bewegung beeinflußt aber auch die Gleichmäßigkeit der Abkühlung. Völlige Gleichmäßigkeit ist weder bei Bewegungslosigkeit noch bei irgendeiner Bewegung zu erreichen, doch kann unbedachte Bewegung viel verderben.

Ob man das Werkstück gegenüber dem ruhenden Bad bewegt oder die Badflüssigkeit gegenüber dem ruhenden Werkstück, ist grundsätzlich gleich. Aus praktischen Erwägungen bewegt man bei kleinen Werkstücken die Teile, bei großen die Flüssigkeit. Nur wenn bestimmte Flächen, wie Bohrungen, Hohlkehlen u. dergl. besonders kräftig gekühlt werden sollen, bewegt man auch hier die Kühlflüssigkeit, indem man sie als kräftigen Strahl gegen die Fläche richtet: *Strahlhärtung* [Bild 11].

*Bewegung des Werkstückes*: Das Werkstück muß rasch, aber ohne Hast, eingetaucht werden, um möglichst gleichzeitige Abkühlung zu erreichen. Weiter muß es in bestimmter Richtung eingetaucht werden, damit alle Flächen außerdem gleichmäßig abkühlen. Nur dann wird es überall ausreichend hart und verzieht sich wenig. *Das Eintauchen* selbst ergibt schon eine Bewegung zwischen Werkstück und Bad, die dann aber noch planmäßig fortgesetzt wird. Nur kleine einfachste Teile wie Kugeln, Rollen, Schrauben, Ringe, kleine Federn usw., kann man ins Bad schütten, das dann aber tief genug sein muß, damit die Teile ausreichend gekühlt unten ankommen.

Größere und empfindlichere Teile, wie die meisten Werkzeuge, müssen einzeln oder zu wenigen in bestimmten Richtungen ins Bad gebracht und einige Zeit darin bewegt werden. Erst nachdem die Glut gelöscht ist, darf man sie hinlegen, sei es im gleichen Bad oder in einem milderen. Aber auch dann muß man oft noch durch Bewegen des Bades dafür sorgen, daß die innere Wärme weiterhin abgeführt wird. Hinsichtlich der Eintauchrichtung gibt es für die Grundformen einige Regeln: Längliche Teile (zylindrische und andere) in der Längsrichtung, flache Teile mit der Schmalseite voran, hohle Teile mit der Höhlung nach oben eintauchen. Für einige Teile ist die Eintauchrichtung in Bild 4 angegeben.

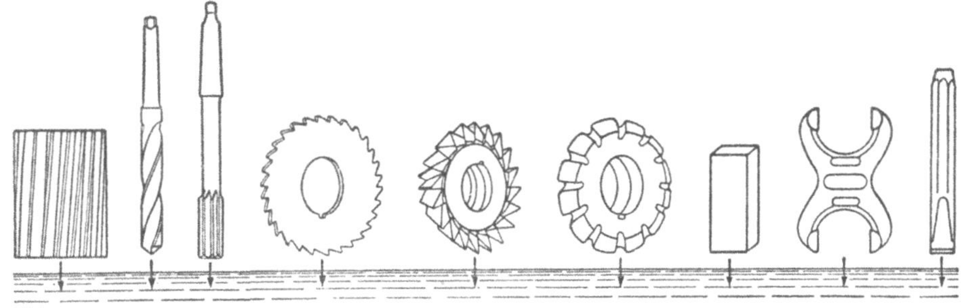

Bild 4. Eintauchrichtung von Werkzeugen.

Nicht so einfach ist es bei Formfräsern und -meißeln mit hohlem oder verwickeltem Profil. Dabei geben persönliche Erfahrung und Übung den Ausschlag. Schneckenrad- und Abwälzfräser taucht man meist mit der Achse waagerecht ein (Bild 5a), wobei man sie allseitig um die Achse zu schwenken sucht, damit die Flanken der oft sehr tiefen Zähne alle gut hart werden. Das gleiche gilt für Halbkreis- und ähnliche Fräser. Taucht man einen solchen Fräser mit der Achse senkrecht ins Wasser (Bild 5b), so stößt das Wasser wohl gegen die Kanten bei a,

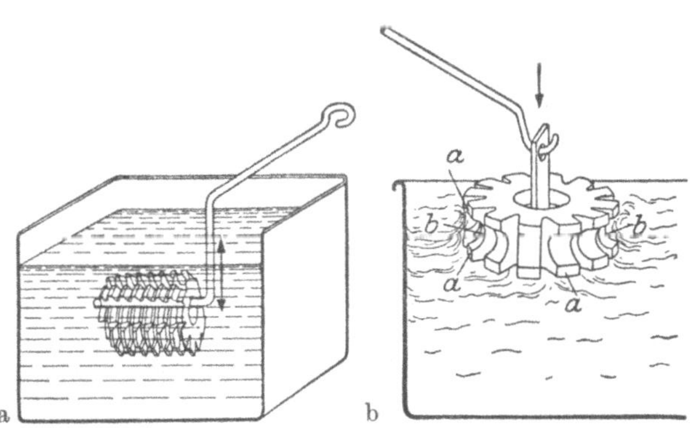

Bild 5. Abkühlen von Fräsern. a) Abwälzfräser; b) Formfräser.

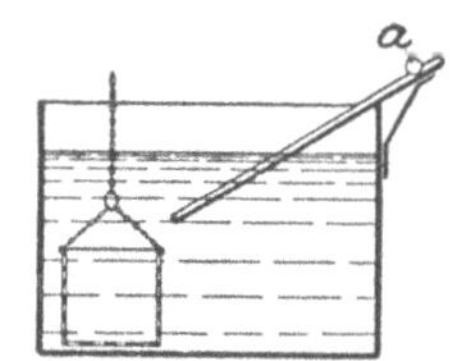

Bild 6. Abrollen von Zylinderteilen.

aber bei b würden sich leicht Dampfblasen ansetzen. Rollen, Stifte, kleine Spiralbohrer u. dgl. (*a* in Bild 6) läßt man eine schräge Ebene hinunter in einen Siebkorb laufen, mit dem man sie bequem aus dem Bad holen kann.

Kleine Werkzeuge u. dgl., deren Bohrungen bevorzugt hart werden müssen, wie Schneideisen, Gewindelehrringe, Zieheisen, Schneidplatten, taucht man — soweit man sie nicht mit dem Strahl härtet — mit der Achse senkrecht oder bogenförmig ein, damit die Kühlflüssigkeit sogleich durch die Bohrung strömen kann.

Bei Sacklöchern u. dgl., die hart werden sollen, muß die Öffnung nach oben zeigen, damit das Wasser hinein, Luft und Gasblasen heraus können (Bild 7). Das gleiche gilt für Aussenkungen. Teile mit zwei Bohrungen machen Schwierigkeiten, sofern man sie nicht durchbohren kann (gestrichelt in Bild 8): man härtet sie am besten mit zwei Strahlen. Schwierigkeiten machen deshalb auch die beiden Zentrierungen im Drehdorn (Bild 9). Am besten härtet man erst den Dorn ohne Rücksicht auf diese mit der Achse senkrecht und härtet dann nacheinander die

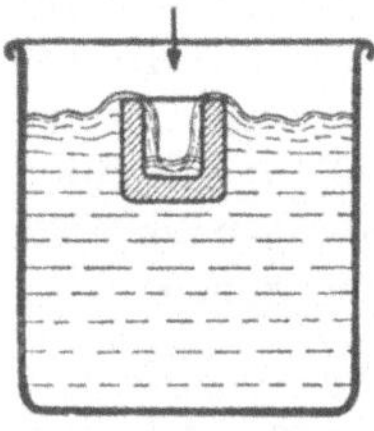

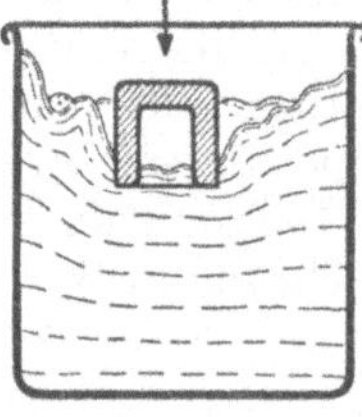

Bild 7. Härten von Sacklöchern und Aussenkungen.

Bild 8. Werkstück mit zwei Bohrungen.

Bild 9. Drehdorn mit zwei Bohrungen.

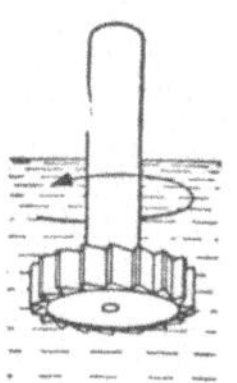

Bild 10. Abkühlen eines T-Nuten-Fräsers.

Zentrierungen, indem man sie kurz mit einem Schweißbrenner erhitzt und im Strahl abkühlt. Dabei entsteht jedoch in der Umgebung eine Anlaßzone.

*Bewegen in der Flüssigkeit*: Meist wird die Eintauchrichtung ungefähr beibehalten, doch führt man manche Teile auch im Kreis umher wie Gewindebohrer oder zieht sie hin und her wie Sägen. Auch T-Nuten, Scheibenkeil- und ähnliche Fräser, die beim Auf- und Abbewegen starke Wirbel erzeugen, führt man im Kreis (Bild 10).

Lange Werkzeuge mit verhältnismäßig schwachem Querschnitt, wie Stehbolzenbohrer, Räumnadeln, sehr lange Reibahlen u. dgl. dreht man während der Abkühlung um ihre Achse, damit alle Kanten gleichmäßig mit dem Wasser in Berührung kommen.

Durch die Art der Bewegung kann man immer die Stärke der Härtung abstufen: bewegt man langsam und in enger Bahn, so wirkt das Kühlmittel milder, als wenn man schnell und in weiter Bahn bewegt.

*Bewegung der Badflüssigkeit*: Große und schwere Teile, wie Achsen, Schubstangen u. a., läßt man ruhig hängen und bewegt die Flüssigkeit. Dazu benutzt man Bäder, in die kühle Flüssigkeit unten stetig eintritt und oben durch einen Überlauf ausfließt. Öl läßt man dabei einen geschlossenen Kreislauf durchlaufen.

Will man in einem Bad die Temperatur immer schnell ausgleichen, so bewegt man die Flüssigkeit durch eingeleitete Preßluft. Das ist besonders empfehlenswert für Teile, die man in das Bad stürzt bzw. hineinlegt. Behelfsmäßig kann man auch einfach einen an die Luftleitung angeschlossenen Gummischlauch ins Bad legen, oder man bewegt das Bad mechanisch durch ein einfaches Rührwerk.

*Strahlhärtung* wird viel für größere Werkzeuge benutzt, wenn einzelne Stellen, besonders Bohrungen, gut hart werden sollen, der übrige Teil dagegen möglichst zäh bleiben soll. So kühlt man Bohrungen und Durchbrüche von Zieh- und Kaliberringen, Schneidplatten u. dgl., aber auch die Gravuren der Gesenke und die Bahn von Hämmern usw., indem man einfach einen mehr oder weniger starken Wasserstrahl gegen die zu härtende Fläche richtet (Bild 11). Bei hohem Wasserdruck werden allerdings die senkrecht auf die Werkstückoberfläche auftreffenden Wasserstrahlen durch ebenfalls senkrecht zurückgeworfene Strahlen in ihrer Wärmeabfuhrwirkung gestört, so daß Dampfblasen entstehen können. Besser sind schräg auftreffende Strahlen bei abgestimmten Wasserdruck.

In automatisierten Durchlaufanlagen kann man die Stärke des Flüssigkeitsstromes mit der anschließenden Härtekontrolle koppeln oder die Tauchzeit variieren, um damit die Härtewerte in der einen oder anderen Richtung zu beeinflussen. Auch eine Badbeeinflussung durch Ultraschall zur Verstärkung der Härtungswirkung ist bereits untersucht worden. Ferner kann man eine kombinierte Öl-Wasser-Härtung in *einem* Behälter vornehmen. Das Werkstück rutscht dabei zunächst durch das Wasser und wird dann durch den Aufzug in das Ölbad befördert, wobei es gleichzeitig mit frischem Öl besprüht wird [12].

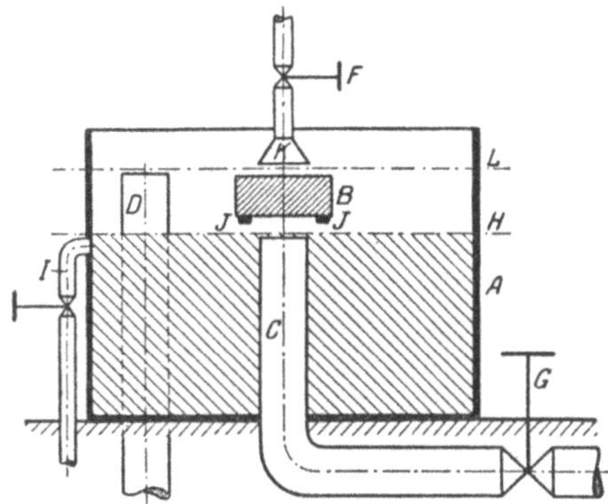

Bild 11. Strahlhärtung von Gesenken.
*A* Behälter; *B* Gesenk; *C* Zuleitung, *D* Überlauf; *F, G* Ventile; *H* unterer Wasserstand; *I* Ableitung; *J* Auflagestäbe; *K* Brause; *L* oberer Wasserstand

Sprühvorrichtungen setzt man auch ein, wenn z. B. für schwere Werkstücke nur ein langsamer Wärmeentzug und damit nur eine Unterstützung der Lufthärtung erfolgen soll. Runde Körper, Rohre, Wellen usw. werden dazu in Umdrehung versetzt und je nach Lage der zu härtenden Fläche innen oder außen durch Spritzdüsen besprüht. Verwendet man zur Vernebelung des Wassers Preßluft, so nennt man diese Art *Aerosol-Härtung*.

**12. Teilweise Härtung.** Viele Werkstücke sollen nur teilweise hart werden, wie Schaftwerkzeuge, manche Lehren, Backen, Ziehringe, Matrizen u. dgl. Liegt der zu härtende Teil an einem Ende, so ist es das beste, nur diesen zu erwärmen und abzukühlen. Das läßt sich am einfachsten im Salzbad oder im Tischfeuer ausführen. Auf diese Weise härtet man in der Massenfertigung fast immer Schaftfräser, Gewindebohrer, Spiralbohrer, Reibahlen u. dgl., indem man sie am Schaft hält und in das Bad taucht. Ebenso kann man mit Backen und Lehren verfahren. Zu beachten ist, daß das Erwärmen stets etwas weiter zu geschehen hat als das Abkühlen und durch Bewegen im Abkühlbad ist dafür zu sorgen, daß keine scharfe Grenze zwischen abgeschrecktem und nicht abgeschrecktem Teil entsteht. Sollen Bereiche der Werkstücke weich bleiben, die nicht an einem Ende liegen, oder werden die Werkstücke in Mengen im Glühofen durchgewärmt, so hat man zwei Mittel, das Ziel zu erreichen:

1. Man erwärmt die Teile vollständig ohne irgendeine besondere Maßnahme, kühlt aber nur die Stellen kräftig ab, die hart werden sollen, z. B. durch *Strahlhärtung* oder mittels Vorrichtungen.

2. Man umgibt die Bereiche, die weich bleiben sollen (meist auch damit sie nicht reißen), mit einer Abdeckpaste, Asbest, eisernen Platten, Ringen oder dergl. und erwärmt und kühlt die ganzen Teile (vgl. Abschn. 48).

**13. Abschreckverfahren.** Unlegierte und schwachlegierte Stähle (C-Gehalt bis etwa 0,6%) lassen sich wegen der zur Martensitbildung erforderlichen hohen Abkühlgeschwindigkeit bei Wandstärken von mehr als 5···10 mm im allgemeinen nur in Wasser oder wäßrigen Lösungen abkühlen. Niedrig mit Wolfram, Nickel oder Silizium legierte Stähle werden wie die unlegierten abgeschreckt. Manchmal allerdings schreckt man weniger schroff als erforderlich ab und verzichtet dabei auf höhere Härte, wenn die Gefahr des Reißens der Teile besteht, wie z. B. bei

Werkzeugen verwickelter Form (Gesenke, Schneidplatten u. ä.). Hier geht man besser in Kalkwasser statt in reines oder sogar angesäuertes Wasser. Eine andere Möglichkeit, die zugleich die Vorzüge der Warmbadhärtung (s. [1]) ausnutzt, ist die *gebrochene Härtung*. Dazu nimmt man die Teile bei der ungefähren Temperatur der Martensitbildung (zu erkennen am Abklingen des Abschreckgeräusches) aus dem Salzwasser heraus und gibt sie in ein Warmbad von rd. 200 °C. Wenn die Teile diese Temperatur mit Sicherheit angenommen haben, läßt man sie weiter an Luft abkühlen. Es wäre auch möglich, die Werkstücke gleich nach der Entnahme aus dem Wasser an Luft abkühlen zu lassen, jedoch ist bei der raschen Abkühlung in Wasser nicht leicht zu erkennen, wann die „Martensittemperatur" erreicht ist. Anwendung findet das Verfahren besonders bei rißgefährdeten Teilen aus wasserhärtendem Werkzeugstahl, wobei die Vorteile dieselben sind wie bei der Warmbadhärtung.

Mit Chrom und Mangan legierte und teilweise auch unlegierte Stähle mit geringen Abmessungen können in Öl abgeschreckt werden. Das sind z. B. Federn oder Spannpatronen aus festem Stahl, die federhart werden sollen, sowie dünne und flache Teile, z. B. Kreissägen, kleine Bohrer, Kugeln, auch wenn sie sehr hart werden sollen.

Da aber Öle zur Dampfbildung, zu Qualm und zu leichter Entflammung neigen, werden sie häufig durch Warmbäder ersetzt. Bei Erwärmung von Teilen in einem Salzbad und anschließender Ölabschreckung müssen die Ölbäder wegen des eingeschleppten Salzes von Zeit zu Zeit gereinigt und der Schlamm bei der Beseitigung entgiftet werden.

Hochlegierte Stähle erhalten schon bei Abkühlung an ruhender oder bewegter Luft ihre erforderliche Härte, ebenso Einsatzstähle, wenn sie anschließend noch einer Wärmebehandlung unterworfen werden sollen. Aber auch hier bringt die Behandlung im Warmbad Vorteile, da die Luftabkühlung zu Verzunderung, Abkohlung und Korrosion der Oberfläche führt. Einsatzstähle zeigen auch Rißbildung, sowie Karbid- und Ferritausscheidungen bei Abkühlung an Luft.

**14. Warmbäder.** Hierzu verwendet man überwiegend Salzbäder, die meist auf Temperaturen dicht oberhalb der Martensitumwandlung betrieben werden. Auf Härtetemperatur erwärmte kleine und mittlere Werkstücke werden zunächst bis zum Temperaturausgleich in dieses Bad gebracht und dann an Luft oder in Öl vollständig abgekühlt [1]. Bei größeren Teilen wird — abhängig vom Um-

Tabelle 1. *Salzbäder für die Warmbadhärtung*

| Stahlsorte | Salzsorte[1] | Badtemperatur |
|---|---|---|
| Ölhärtbare Einsatz-, Vergütungs- und Werkzeugstähle mit Härtetemperaturen von höchstens 950 °C | AS 140 | ca. 200 °C |
| Wasserhärtbare Stähle und ölhärtbare Stähle, die so niedrig legiert sind, daß sie in einer Anlaßsalzschmelze nicht hart werden | wässerige Lösung von Anlaßsalzen | ca. 80 °C |
| Schnellarbeits- und Warmarbeitsstähle u. ä. | GS 430 GS 230 | ca. 400 °C bis 580 °C |

wandlungsverhalten des Stahles — die zur Unterkühlung des Austenits erforderliche Abkühlgeschwindigkeit oft nicht erreicht. Als Salze für die Warmbäder verwendet man Anlaßsalze (s. Tab. 1) mit verschiedenem Abkühlvermögen. Ihre Wirkung beruht auf reiner Konvektion[2]. Die lästige Dampfbildung entfällt und es ergeben sich gute, gleichmäßige Härtewerte. Man darf aber kein eng bei-

---

[1] Diese Salze entstammen dem Erzeugnisprogramm der Fa. DEGUSSA/Abtlg. Durferrit. Andere Firmen stellen ähnliche Salze her.

[2] Wärmeübergang einer bewegten Flüssigkeit an eine feste Wand oder umgekehrt.

einanderliegendes Härtegut in die Bäder einbringen, weil dann der Wärmeübergang behindert ist. Für in Härtekörbe gehäuft verpackte Kleinteile besteht die Gefahr einer Verbrennung bzw. Korrosion des Stahles, dies umso mehr, je höher die Temperatur der eingebrachten Teile ist.

In diesen Bädern können alle legierten, d. h. ölhärtenden Stähle mit Härtetemperaturen bis zu 950 °C abgekühlt werden. Damit bei Stählen mit höheren Härtetemperaturen (Lufthärter) die Oberfläche im Warmbad nicht verzundert, muß man Glühsalze nach Tab. 1 (z. B. GS 430 oder 230) verwenden. Die Anlaßsalze können also nur dann benutzt werden, wenn die mittlere Temperatur (Härtetemperatur + Warmbadtemperatur dividiert durch zwei) nicht höher liegt als 600···650 °C. Es kommt sonst zu starker Oxydation, bei dünnen Querschnitten sogar zu Verbrennungen an den Werkstücken. Bei den Einsatzstählen kann man von einer Warmbadhärtung nur für die Randzone sprechen, während der Kern infolge seines geringen Kohlenstoffgehalt nur bei höheren Temperaturen Martensit bilden kann.

Im allgemeinen wirken die Warmbäder wie eine gewöhnliche Ölhärtung. Geringe Temperaturschwankungen von 30···40 °C beim Einbringen des Härtegutes haben keinen Einfluß auf die Härtewerte. Auch ein geringer Feuchtigkeitsgehalt dieser Bäder (0,5···1,0%) schadet nicht. Im Gegenteil: er ergibt eine größere Einhärtetiefe und damit eine gewisse Variationsmöglichkeit für diese Bäder. So kann man z. B. viel dickere Teile aus unlegiertem oder schwach legiertem Material härten, als im wasserfreien Bad, ohne auf die Vorteile eines wasserfreien Bades verzichten zu müssen. Vorsicht ist geboten, wenn die Teile vorher in einem Salzbad erwärmt worden sind. Diese Salzbäder dürfen einen gewissen Cyanidgehalt nicht überschreiten, da es sonst im nachfolgenden Warmbad zu heftigen Reaktionen kommen kann! Vor allem in Bohrungen, Hinterdrehungen usw. setzen sich häufig größere Mengen Salz ab, die diese Vorgänge auslösen können. Im übrigen lösen sich im Warmbad die anhaftenden Glühsalze gut ab.

Wasserhärtende Stähle stärkerer Abmessungen sind in diesen Warmbädern allerdings nicht härtbar. Für sie gibt es andere Möglichkeiten, z. B. Abschrecken in erwärmten, konzentrierten wäßrigen Lösungen der eben erwähnten Anlaßsalze. Die Warmbäder werden außer zum Härten auch noch für die Durchführung der Zwischenstufenvergütung (isotherme Umwandlung [1]) eingesetzt.

## C. Anlassen

**15. Zweck des Anlassens.** Die Härtespannungen, die durch das Abschrecken entstanden sind, machen das Werkstück spröde. Diese Sprödigkeit soll gemindert und eine für den jeweiligen Verwendungszweck erforderliche Zähigkeit erreicht werden. Nach Möglichkeit läßt man die Teile sofort nach dem Härten — und zwar nach jedem Härtevorgang — an. Dazu wird das Werkstück langsam und nicht zu schroff erwärmt. Ist besondere Vorsicht geboten, so bringt man es mit dem noch kalten Ofen oder Anlaßbad auf Anlaßtemperatur.

**16. Anlaßverfahren. a)** Beim gleichmäßigen Anlassen werden die Teile als Ganzes auf dieselbe Temperatur gebracht. Das geschieht beim Anlassen zum Vergüten, aber z. B. auch beim Anlassen von Fräsern, Bohrern, Reibahlen u. dgl. Für hohe Anlaßtemperaturen benutzt man die gleichen Öfen wie zum Glühen, für die niedrigen und mittleren Temperaturen vielfach Salzbad- oder Luftumwälzöfen.

**b)** Ungleichmäßiges Anlassen bedeutet verschieden hohe Temperaturen am selben Stück. So z. B. werden Schaftenden an Meißeln und Stempeln, Fußenden an Matrizen und Gesenken usw. höher angelassen als die Arbeitsfläche.

Das gelingt allerdings nur geschickten Härtern, denn abgesehen von der Wärme-
verteilung ist auch die Temperatur nicht objektiv meßbar, sie muß vielmehr nach
der Anlaßfarbe (Abschn. 51) beurteilt werden (Zeit- und Legierungseinfluß!).
Man unterscheidet hier:

1. *Anlassen aus noch vorhandener Eigenwärme*: Die Schneide eines Werkzeuges
(Meißel, Durchschlag usw.) wird kurz in Wasser abgekühlt, dann die Fläche in
der Nähe der Schneide schnell mit einer Feile oder mit Schmirgelleinen blank
gemacht, um das Entstehen der Anlaßfarben beobachten zu können. Die abgekühlte Schneide wird sofort von der im Schaft des Werkzeuges verbliebenen
Wärme angelassen, was sich am Farbenwechsel der
blank gemachten Fläche erkennen läßt. Ist die gewünschte Farbe erschienen, so wird das Werkzeug
schnell und tief mit dem Schaft ins Wasser gehalten,
um weiteres Steigen der Anlaßtemperatur zu verhindern und das Werkzeug als Ganzes zu kühlen.
Die anschließende, vollständige Abkühlung erfolgt in
Öl, Petroleum oder an ruhender Luft.

Bild 12. Anlassen einer Matrizenhälfte
auf einer elektrisch beheizten Platte.

2. *Anlassen durch neue örtliche Erwärmung.*  Das vollständig abgekühlte
Werkstück wird in üblichen Öfen und Bädern, auch Tischfeuern, mittels erhitzten
Stahlblöcken (Bild 12), Bunsenbrennern und manchmal auch Sandbädern erwärmt. Man bringt hierbei die Flächen, die angelassen werden sollen, in unmittelbare Nähe der Wärmequelle und beobachtet ihre Anlaßfarbe.

Verschieden stark angelassene Werkstücke kann man dadurch erhalten, daß
man das ganze Stück erst gleichmäßig auf die niedrigste Temperatur, entsprechend
der größeren Härte an der Arbeitsfläche, anläßt und dann die eine oder andere
Stelle, die zäher sein muß, nochmals höher erwärmt. So läßt man z. B. Meißel,
Stempel oder dergl. zuerst in Öl auf rd. 220 °C an und dann den Kopf auf rd.
320 °C.

3. *Das Dampfanlassen* im Dampfanlaßofen oder ein übliches Anlassen im Salzbad bei
rd. 400 °C ist ein Nachbehandlungsverfahren nach dem eigentlichen Anlassen, das den Teilen
ein besseres Aussehen gibt (dunkle, blau-schwarze Oberfläche).

**17. Anlaßtemperaturen.**  Teile, die aus Verschleißgründen eine hohe Härte
haben sollen (Kaltwalzen, Lehren, Meßzeuge usw.) werden bei niedrigen
Temperaturen von 100···150 °C nur entspannt, wobei sie nicht an Härte verlieren.
Dazu genügt meist ein Auskochen in Wasser oder Öl über 1···24 Stunden und
länger. Diese geringe Erwärmung läßt schon einen gewissen Ausgleich der Spannungen eintreten. Für ruhig arbeitende Schneidwerkzeuge geht man bis auf
220 °C. Schlagend beanspruchte Teile, wie z. B. Meißel, erwärmt man besser auf
330 °C. Federnde Teile erfordern sogar Temperaturen von 400···500 °C. Vergütungsstähle werden meist bei 530···670 °C (30···60 min) angelassen, wobei die
Festigkeit und Härte sich stark den Werten im geglühten Zustand nähern. Streckgrenze, Kerbzähigkeit und Dehnung aber erreichen erheblich günstigere Werte.
Die bei 530···600 °C erreichten Zustände bezeichnet man als *hart vergütet*, die bei
600···670 °C erzielten als *weich vergütet.*

Dabei bestimmt aber nicht nur der Verwendungszweck die Temperatur,
sondern auch die vorausgegangene Härtung, die Stahlsorte und die Anlaßzeit.
In jedem Fall erfordert die Härtung ein Anlassen um so mehr, je schroffer abgeschreckt wurde. Die obigen Temperaturangaben gelten zunächst nur für unlegierten Werkzeugstahl. Für niedrig legierten Stahl sind die Temperaturen kaum
anders, wohl aber für hochlegierten. So wird Schnellstahl zum Entspannen zwar
auf 200···275 °C angelassen, jedoch hochwertige Sorten zur Erhöhung der Stand-

zeit auf 530···580 °C. Hochlegierte Stähle für Warmpreßmatrizen u. ä. Teile (also sog. Warmarbeitsstähle) werden je nach Legierung auf 350···700 °C angelassen, auf jeden Fall über ihre spätere Betriebstemperatur. Kaltarbeitsstähle läßt man an bis 400 °C je nach verlangter Härte und Festigkeit, während wiederum andere Sonderstähle zum Bearbeiten sehr harter Werkstücke gar nicht angelassen werden.

Für Werkzeuge allgemein sind Temperaturen von 200···500 °C angebracht. Eine nähere Festlegung der Temperaturen für die einzelnen Werkzeugarten und die jeweiligen Verwendungszwecke ist nur durch praktische Versuche möglich. Wichtig ist aber, daß ein *Abschrecken aus der Anlaßwärme unter allen Umständen unterbleiben muß*. Da bei diesen Temperaturen der Stahl noch hart ist und keine Dehnfähigkeit besitzt wie bei einer Rotgluttemperatur von über 600 °C, würden bei einer plötzlichen Abkühlung so starke Zugspannungen auftreten, daß bei Werkzeugstählen sehr oft und bei mittleren bis hochlegierten Stählen fast immer ein Reißen und Verziehen auftritt. Ist ein Abkühlen nicht zu umgehen, darf es nur in Öl oder im Warmbad erfolgen.

Eine Ausnahme machen die chromhaltigen Vergütungsstähle (Cr–Mn- und Cr–Ni-Stähle ohne Zusatz von Molybdän oder Wolfram), die nach dem Anlassen abgeschreckt werden sollen, um eine nachträgliche Versprödung (*Anlaßsprödigkeit*), d. h. schlechte Kerbzähigkeit, zu vermeiden. Das geschieht am besten in Wasser, aber auch Öl oder bewegte Luft sind manchmal ausreichend. Evtl. auftretende Spannungen sind durch Glühen bei Temperaturen von maximal 400 bis 420 °C (die Versprödung beginnt merklich erst bei Anlaßtemperaturen über 450 °C) und anschließendes langsames Abkühlen wieder zu beseitigen. Liegen jedoch die Anlaßtemperaturen unter 400 °C, so hilft, wenn die Spannungen nicht in Kauf genommen werden können, nur das Ausweichen auf eine andere Stahlsorte.

In allen Fällen hat auch die Anlaßdauer einen Einfluß. Mit ihrer Länge steigt die Anlaßwirkung. Dicke Stücke, wie z. B. Gesenke, sollten immer mehrere Stunden angelassen werden. Große Kaltmatrizen läßt man statt auf höhere Temperatur nur auf 200 °C an, dafür aber 12 Stunden und länger (*Altern*). Die Haltezeit gilt immer für vollständige Durchwärmung.

Bei Unklarheiten über Behandlungsdauer und -temperatur tut man gut daran, sich an die Richtlinien der Stahlwerke zu halten. Soll beim Vergüten ein genau definierter Festigkeitswert eingehalten werden, so kann man trotzdem nicht einfach nach Temperatur und Dauer anlassen, da die einzelnen Stahlchargen untereinander Abweichungen aufweisen. In diesem Fall muß eine mittlere Temperatur durch Versuche ermittelt werden, bei der die Festigkeitswerte in dem zulässigen Bereich streuen. Zu niedriges Anlassen kann dabei noch durch ein zweites, höheres Anlassen ergänzt werden, während ein zu hohes Anlassen nur noch durch eine Wiederholung der ganzen Vergütungsbehandlung ausgeglichen werden kann.

## D. Aufkohlen

**18. Kohlungsmittel** können fest, flüssig oder gasförmig sein und sollen

1. zuverlässig und gleichmäßig aufkohlen;

2. den verlangten Kohlenstoffgehalt und die nötige Kohlungstiefe ergeben bei mäßiger Temperatur (möglichst nicht über 950 °C) und bei nicht zu langer Kohlungsdauer, die vom Erreichen der Kohlungstemperatur an gerechnet wird;

3. die aufgekohlte Schicht nicht spröde machen, nicht über 1% aufkohlen und eine Schicht bilden, die allmählich in den nicht aufgekohlten Kern übergeht;

4. dem Stahl keine schädlichen Stoffe, wie z. B. Schwefel, zuführen und die Oberfläche des Stahles möglichst wenig verschmutzen;

5. einfach, bequem und sauber zu handhaben sein;

6. sich nicht zu leicht erschöpfen, d. h. wirtschaftlich sein.

**a) Feste Kohlungsmittel.** Bewährt sind Leder- und Knochenkohle, die nebenher auch noch Stickstoff enthalten. Ebenfalls kräftig wirken Gemische aus Holzkohle und Bariumkarbonat oder Kalium- oder Natriumkarbonat im Gewichtsverhältnis 2 : 1 bis 3 : 1, auch gemischt mit anderen Stoffen. Zu bevorzugen sind heute *Granulate*, die als Gemisch von Holzkohle, einem Aktivator (d.i. ein Zusatzstoff, der die Kohlenstoffdiffusion in den Stahl beschleunigt) und einem Bindemittel aus Körnern gleicher Größe bestehen und so die Gefahr ungleichmäßiger Zusammensetzung durch Entmischung sowie eine Staubentwicklung praktisch vermeiden. Es empfiehlt sich, solche Granulate von Fachfirmen zu beziehen[1].

**b) Flüssige Kohlungsmittel** sind fast ausschließlich cyanidhaltige Salze, Sie kommen vor allem für kleinere und mittlere Teile in Frage, wenn es sich nicht um eine ausgesprochene Massenfertigung handelt. Die Vorteile gegenüber den festen Kohlungsmitteln sind: kürzere Kohlungszeiten, Fortfall des Einpackens der Teile, bessere Wärmeleitung und gleichzeitige Berührung der gesamten Werkstückoberfläche mit dem Kohlungsmittel, sowie eine etwa viermal so schnelle Erwärmung wie in Luft oder Gas. Eine geringe Stickstoffaufnahme aus den cyanhaltigen Salzen ist eher nützlich als schädlich. Natürlich ist die Zusammensetzung der Salze (s. Tab. 2, S. 23) dem Werkstoff und der verlangten Kohlungstiefe anzupassen. *Unbedingt zu verhindern ist jegliche Berührung cyanhaltiger Salze mit den für die Warmbadhärtung verwendeten nitrathaltigen Salzen, da sonst Explosionsgefahr besteht!*

**c) Gasförmige Kohlungsmittel.** Das *Gasaufkohlen* kommt besonders zur Anwendung für große Mengen und Teile großer Abmessungen und wenn gleichzeitig eine eigene Anlage zur Erzeugung des Kohlungsgases wirtschaftlich ist. Bei der Gasaufkohlung gibt das Gas seinen Kohlenstoff laufend an den Stahl ab und wird kohlenstoffärmer. Daher wird das in einer besonderen Generator- und Katalysatoranlage erzeugte Gas in ununterbrochenem Strom durch den Ofen geleitet. Zum Einsatz gelangt ein Trägergas, dem man Kohlungsgase wie z. B. Propan, Methan o. a. beifügt.

Auch ohne Gas kann man auskommen, wenn man, wie z. B. bei der *Tropfgasaufkohlung*, in einen Kohlungstiegel, in dem das Einsatzgut gestapelt wird, ein Spezialöl in dosierten Mengen zugibt, das dann verdampft und gasförmig in dem Tiegel umgewälzt wird.

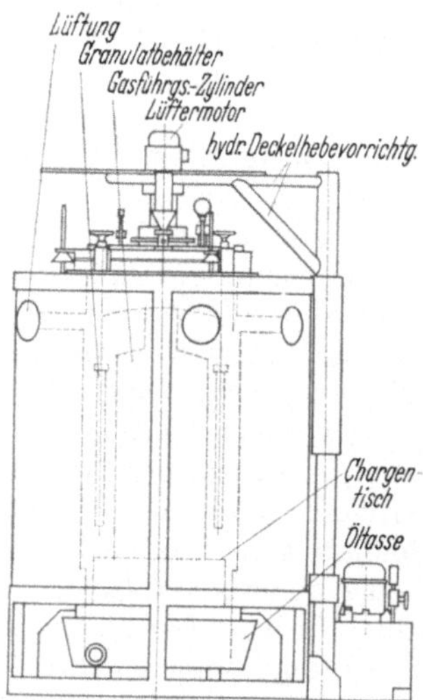


Bild 13. Granulat-Gasaufkohlungsofen (Bauart DEGUSSA).

Bei dem *Granulat-Gasaufkohlungsverfahren* wird dem Ofen ebenfalls von außerhalb kein Gas zugeführt, sondern dieses wird im Ofen selbst aus der darin befindlichen Luft und einer bestimmten Menge Kohlungsgranulat erzeugt (Bild 13). Dieses Granulat ist in einer aus perforiertem Blech hergestellten rohrförmigen Kammer des Ofens untergebracht. Das Gas wird innerhalb des Ofens durch ein Schleuderrad umgewälzt und streicht dabei auch immer wieder über das Granulat, wobei es sich ständig mit Kohlenstoff sättigt. Die Kohlungswirkung des Gases bleibt daher lange Zeit (rd. 48 Stunden) bei gleicher Temperatur konstant. Danach muß wieder frisches Granulat zugegeben werden.

## 19. Kohlungskurven.

Das Ergebnis des Aufkohlens, das man in einer Kohlungskurve darstellen kann, drückt sich aus in der Aufkohlungstiefe, dem Randkohlenstoffgehalt sowie dem Kernkohlenstoffgehalt und wird beeinflußt durch die Kohlungstemperatur, -dauer und -eigenschaften des Werkstückstoffes sowie des Kohlungsmittels.

Die *Aufkohlungstiefe* ist nach DIN 17014 definiert als: Tiefe der über den ursprünglichen Kohlenstoffgehalt hinaus aufgekohlten Randschicht eines Werkstückes. Davon zu unterscheiden ist die *Einsatzhärtungstiefe*, die nach der gleichen DIN-Norm definiert ist als: Tiefe der Randschicht eines einsatzgehärteten Werkstückes, bis zu der eine bestimmte Härte noch vorhanden ist. [Zur Angabe über die Einsatzhärtungstiefe gehört der Bezugshärtewert und das Prüfverfahren, z. B. Einsatzhärtungstiefe (50 HRC) = 4,5 mm.]

---

[1] Carl H. Braun, Nagold. DEGUSSA, Frankfurt/Main. Dr. E. Hundt, Wuppertal-Elberfeld. Hougthon-Chemie, Hildesheim u. a.

Die in Bild 14 dargestellte Kohlungskurve zeigt den Kohlenstoffgehalt über der Kohlungstiefe bei verschiedener Kohlungsdauer und Kohlungstemperatur. Solche Kurven kann man auch getrennt aufstellen, wobei der Kohlenstoffgehalt oder die Kohlungstiefe über der Kohlungszeit oder der -temperatur aufgetragen wird und jeweils der andere Wert konstant bleibt.

**20. Aufkohlen in festen Mitteln.** Die zweckmäßigste Kohlungstemperatur bei dieser Kohlungsart ist rd. 900 °C. Höhere Temperaturen sind zwar nicht für den Kohlungsvorgang, jedoch für die Haltbarkeit der Kästen und Öfen schädlich. Niedrigere Temperaturen verlängern die Kohlungsdauer. Bei 900 °C beträgt die „Kohlungsgeschwindigkeit" rd. 0,1 mm je Stunde, für schwere Werkstücke und große Kästen etwas weniger. Zur Kontrolle der Kohlungstiefe legt man einen Probestab oder besser ein Probestück (Ausschußstück) der gleichen Stahlcharge mit in den Kasten. Je tiefer gekohlt werden soll, um so schwächer wirkende Kohlungsmittel nimmt man, da sonst der Randkohlenstoffgehalt zu hoch ansteigt. Dieser soll möglichst eine eutektoide Zusammensetzung haben, damit keine

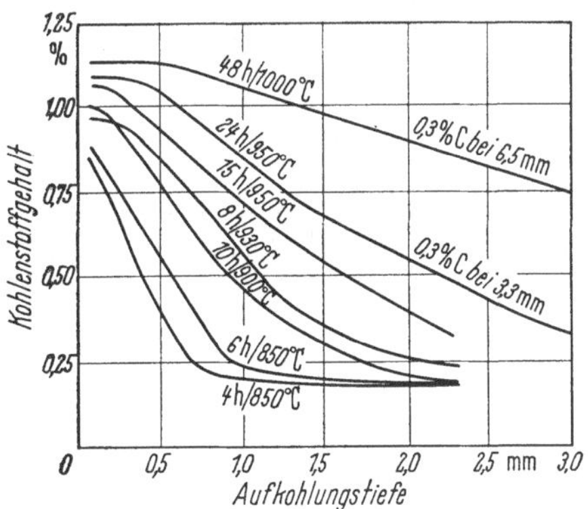


Bild 14. Kohlenstoffgehalt über der Aufkohlungstiefe in Abhängigkeit von der Kohlungsdauer und der Kohlungstemperatur bei einer Gasaufkohlung (aus [20]).

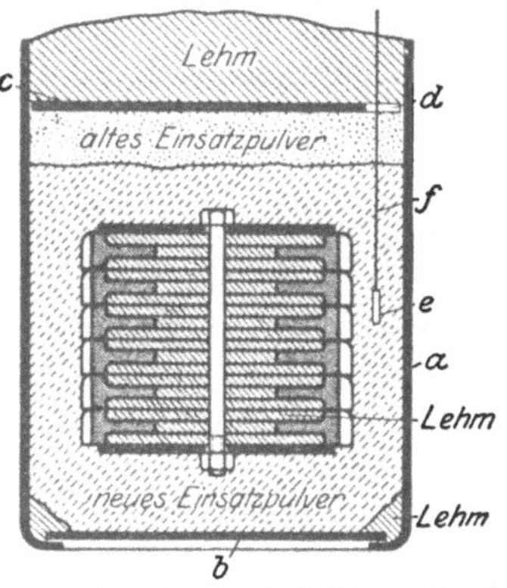


Bild 15. Zahnräder zum Aufkohlen vorbereitet. *a* Rohr; *b* Bodenblech; *c* Deckel; *d* Öffnung für *e* und *f*; *e* Probestäbe; *f* Draht.

Zementitbildung an den Korngrenzen auftritt, die zu erheblicher Versprödung der Randschicht führen würde. Das gilt hauptsächlich für Cr–Mn- und Cr–Ni-Stähle sowie für Härtegut mit stellenweise scharfen Kanten und Ecken. Stärker wirkende Mittel verwendet man bei unlegierten und schwach legierten Einsatzstählen für Tiefen von 0,6···1,2 mm und für Cr–Mn- oder Cr–Ni-Stähle bis 0,6 mm.

Die Teile müssen wie bei allen Kohlungsverfahren frei von Öl, Fett oder sonstigen Verunreinigungen sein. Im Kasten werden sie gleichmäßig mit dem Kohlungsmittel umgeben, so daß es überall gut anliegt. Das ist nötig sowohl für eine gute Kohlenstoffaufnahme als auch für eine gute Stützung langer Teile, die sich sonst durchbiegen könnten. Die Kästen sollen nicht zu groß sein, damit nicht unnötig viel Pulver einzustampfen und zu erwärmen ist (schlechte Wärmeleitung), aber auch nicht zu klein, damit die Schicht überall ausreichend stark ist und die Teile nirgends zu nahe an die Kastenwand kommen. Am besten wird die Kastenform der Werkstückform angenähert (Bild 15).

Kleine Teile schichtet man in mehrere Lagen, große Teile packt man einzeln oder zu wenigen in einen Kasten. Sind zu viele kleine Teile in einem großen Kasten, werden die außen liegenden wärmer als die innen liegenden und eine ungleichmäßige Kohlenstoffaufnahme ist die Folge. Der Deckel muß luftdicht schließen (z. B. mit Lehm verschmieren), damit die Kohlungsgase nicht hinaus und die Ofengase nicht hinein gelangen können. Die Kästen werden bei Temperaturen von 400···500 °C in den Ofen eingebracht. Beim Erwärmen muß der Temperaturbereich von 750···850 °C möglichst schnell durchfahren werden, da der Kohlenstoff bei diesen relativ niedrigen Temperaturen nur langsam in den Stahl eindringt und durch seine hohe Konzentration an der Oberfläche sonst eine Überkohlung der Randzone eintritt. Die Zeit zur Durchwärmung der Werkstücke im Kasten kann je nach Werkstückgröße allein schon bis zu 20 Stunden und mehr betragen.

*Einfluß der Werkstückform*: Scharfe Kanten und vorspringende Flächen kohlen stärker auf als glatte oder leicht gekrümmte Flächen. Bei Zahnrädern mit kleinem Modul ist z. B. die Bohrung schlecht aufzukohlen (soweit dies verlangt wird), ohne daß die Zähne überkohlt werden. Hierfür ist das Salzbadkohlen sehr viel besser geeignet, da dieses nur bis zu einem gewissen Randkohlenstoffgehalt aufkohlt.

Alle Einsatzstähle sollen nach der Kohlung schnell abkühlen, je rascher desto besser. Das hat nicht zuletzt auch wirtschaftliche Gründe. Daher sollen die Kästen so klein wie möglich sein. Üblicherweise läßt man die Kästen an Luft abkühlen. Dabei ist es nicht zu vermeiden, daß sich im Kern häufig Ferrit und im Rand (bei schon geringster Überkohlung) Zementit in Netzform abscheidet. Zweckmäßiger ist es daher, die Kästen nach der Entnahme aus dem Ofen sofort zu öffnen und die Teile im Warmbad abzuschrecken. Wegen der damit verbundenen aufwendigen und unangenehmen Arbeit wird dieses Verfahren allerdings selten angewendet. Die anschließenden Wärmebehandlungen, für die Salzbäder von Vorteil sind, müssen so gewählt werden, daß die gebildeten Karbide durch eine Härtung von genügend hoher Temperatur wieder aufgelöst werden. Es genügt also nicht eine einfache Randhärtung von niedriger Temperatur (ca. 780 °C), sondern diese muß mindestens so hoch sein, daß die Karbide im Rand und der grobe Ferrit im Kern aufgelöst werden. Muß die Randzone feinkörnig sein (für Werkstücke, deren scharfe Kanten oder Konturen schlagartig beansprucht werden und deren Kernquerschnitt weniger als 10mal so groß ist wie die Einsatztiefe), so ist es vorteilhafter, auch noch eine Randhärtung von der für den betreffenden Stahl vorgesehenen Randhärtetemperatur durchzuführen (s. DIN 17210, Bild 1). Eine Zwischenglühung bei etwa 630···650 °C ist dann zu empfehlen, wenn evtl. Restaustenit beseitigt werden soll. Zur Erzielung eines zähen Kerngefüges ist sie nicht geeignet. Sie ist auch erforderlich, wenn vor der abschließenden Härtung noch eine spanende Bearbeitung durchgeführt werden soll.

**21. Badaufkohlen.** Die *Kohlungsbäder ohne Aktivator* ergeben einen niedrigen, untereutektoiden Kohlenstoffgehalt in der Randzone. Der gleichzeitig aus dem Cyanid abgespaltene Stickstoff sorgt dafür, daß eine hohe Randhärte erzielt wird. Mit diesen Bädern lassen sich jedoch keine großen Kohlungstiefen erreichen. Die mit ihnen erzeugten Härtezonen können nicht nachgeschliffen werden, ohne daß die Härte stark abnimmt. Sie reagieren mit der wirklichen Oberfläche der Werkstücke, d. h. glatte Oberflächen kohlen schwächer auf als rauhe und oxydierte. Bei tiefen Bädern ergibt sich zudem eine ungleichmäßige Kohlung: die tiefer eingetauchten Teile kohlen schwächer auf als die unmittelbar unter der Badoberfläche angeordneten. Schlecht desoxydierte Stähle lassen sich mit nichtaktivierten Bädern kaum aufkohlen. Sie sind daher nur bedingt empfehlenswert und werden nur noch in beschränktem Umfang für Sonderzwecke angewendet, wie z. B. bei dünnen Blechteilen für Büromaschinen, Registrierkassen, Uhren, Schalter.

*Kohlungsbäder mit Aktivatoren* (das sind hier cyanidhaltige Zusätze wie z. B. Strontiumchlorid, Bariumchlorid u. a., die die Kohlungswirkung der Bäder erhöhen) kohlen dagegen sehr viel stärker auf, so daß diese Härtezonen auch nach dem Abschleifen noch eine genügend hohe Härte und Härtetiefe aufweisen. Sie halten erheblichen Flächendrücken stand, ohne durchgedrückt zu werden. Auch sind sie weniger empfindlich gegen Stahlfehler (z. B. ungleichmäßiges Gefüge),

Tabelle 2. *Übersicht über die verschiedenen Kohlungsbäder*[1]

| Bad-bezeichnung | Charakteristik | Kohlungstiefe[2] bis etwa mm | max. Schleifaufmaß in % der Kohlungstiefe | C-Gehalt der äußersten Randzone | Kohlungstemperatur °C | Nach der Kohlung Abschrecken in | Typische Anwendungsgebiete |
|---|---|---|---|---|---|---|---|
| C 2 | nicht aktiviert | 0,3 | — | untereutektoid | 650···850 | Öl, Wasser, Salzwasser | Uhrenteile, Teile für Schreib- u. Rechenmaschinen, Carbonitrieren. |
| C7 | schwach aktiviert | 0,3 | bis 20 | eutektoid | 800···930 | Öl, Wasser, Salzwasser | Wärmebehandlung von Getriebeteilen aus Vergütungsstahl bei gleichzeitiger Aufkohlung auf 0,2···0,3 mm Tiefe. |
| C3 | nicht aktiviert | 0,6 | 10 | untereutektoid | 750···930 | Öl, Wasser, Salzwasser | Kleine Teile aller Art, besonders bei darauffolgender Ölhärtung |
| A3/C3[3] | stark aktiviert[4] (mit cyanidfreiem Aktivator) | 0,8 | 30···40 | eutektoid | 800···930 | Warmbad, Öl, Wasser, Salzwasser, AS-Lösung | Sämtliche Maschinenteile, Getrieberäder und dergl. aus legierten und unlegierten Einsatzstählen je nach Einsatztiefe |
| C6/C3[3] | stark aktiviert[4] (mit cyanidfreiem Aktivator) | 0,8 | 30···40 | eutektoid | 800···930 | Warmbad, Öl, Wasser, Salzwasser AS-Lösung | |
| C4 | stark aktiviert | 1,6 | ca. 40 | eutektoid | 800···930 | Öl, Wasser, Salzwasser | wie vor., vereinfachte Anwendung, meist aber geringere Wirtschaftlichkeit gegenüber den anderen stark aktivierten Kohlungsbädern |
| A4/C3[3] | sehr stark aktiviert[4] (mit cyanidfreiem Aktivator) | 1,7 | ca. 45 | eutektoid | 850···930 | Warmbad, AS-Lösung, Öl, Wasser Salzwasser | Sämtliche Maschinenteile aus legiertem und unlegiertem Stahl; für höchste Ansprüche an gleichmäßige Kohlungstiefe bei Einhaltung eines bestimmten Randkohlenstoffgehaltes und für größte Einsatztiefen, besonders für Kontrolle mit Folienmethode geeignet und dann meist wirtschaftlicher als alle anderen Bäder |
| C5/C3[3] | stärkst aktiviert[4] | 1,8 | ca. 50 | eutektoid | 850···930 | Warmbad, AS-Lösung, Öl, Wasser Salzwasser | |
| C8 | stärkst aktiviert[4] | 1,8···5,0 | ca. 50 | eutektoid | 1000···1100 | Warmbad, AS-Lösung, Öl, Wasser Salzwasser | Schwere Verschleißteile, Ketten für Bergbau, Bagger- und Traktorenteile |

[1] Diese Bäder sind dem Erzeugnisprogramm der Fa. DEGUSSA, Frankfurt/Main entnommen. Andere Firmen, u. a. die Houghton-Chemie, Hildesheim, liefern ein ähnliches Programm.
[2] Größere Tiefe ist ohne weiteres erreichbar, jedoch nicht wirtschaftlich.
[3] Zwei-Salz-System, bei dem der Aktivator (C5, C6, A3, A4) getrennt vom Kohlenstoffträger (C3) bei Bedarf nachgefüllt werden kann. Sie sind im allgemeinen wirtschaftlicher.
[4] Sämtliche aktivierten Bäder können miteinander gemischt werden, was z. B. bei der Umstellung von einer Badart auf die andere (z. B. von C5/C3 auf C6) von Vorteil ist.

die sonst eine Kohlungswirkung fast völlig unterbinden können. Diese Bäder sind also geeignet für schwer kohlbare Einsatzstähle, Automatenstähle, blanke Blechteile, zu schleifende Teile, im Warmbad abzuschreckende Teile, Teile mit punktförmiger Belastung u. ä. (s. Tab. 2).

Und nur bei diesen Bädern ist auch eine Kontrolle des Randkohlenstoffgehaltes mit der *Folienprobe* möglich:

Mit dieser Methode kann man die auf- oder abkohlende Wirkung solcher Bäder sehr leicht kontrollieren. Dazu werden dünne Stahlfolien von 0,05 mm Dicke und bekanntem Kohlenstoffgehalt (0,1% für die Aufkohlungs- und 1% für Abkohlungsprüfung) eine bestimmte Zeit (15 min bei einer Badtemperatur von 930 °C oder 30 min bei 900 °C) in das Bad gehängt. Der C-Gehalt der Folie nimmt dabei im Fall der Aufkohlung rasch zu und erreicht bald einen Endwert, der kennzeichnend für die Kohlungswirkung des Bades ist und als C-Wert bezeichnet wird. Bei seiner Angabe ist die Prüftemperatur zu berücksichtigen, die stets mit angegeben werden muß: z. B. C 930/0,9 — d. h. die Folie hat einen C-Gehalt von 0,9% bei einer Prüftemperatur von 930 °C. Dabei sind aber gewisse Voraussetzungen zu erfüllen, die in der einschlägigen Literatur nachzulesen sind [20].

Fast alle Kohlungssalze sind cyanidhaltig, d. h. sie enthalten Giftstoffe. Daher gelten für sie besondere Sicherheitsvorschriften, die in den „Richtlinien für den Betrieb von Cyanidhärtereien" festgelegt sind und die unbedingt eingehalten werden müssen [20]!

Beim Badaufkohlen wird bei den geringen Einsatztiefen fast immer aus dem Bad fertiggehärtet. Das heißt aber nicht, daß nicht auch hier ein Doppelhärten oder eines der anderen vorher aufgeführten Verfahren möglich ist. Für die Auswahl der Salze sind von den Herstellern Empfehlungen herausgegeben, die, wenn man keine Fehlschläge erleiden oder unwirtschaftlich arbeiten will, tunlichst einzuhalten sind. Der C-Wert der Kohlungsbäder, der bei aktivierten Bädern für den Kohlenstoffgehalt der Randzone und damit für die Kohlungstiefe und vor allem für die Schleifzugabe maßgeblich ist, hängt bei gleichem Cyanidgehalt, gleicher Kohlungstemperatur und gleichem Stahl im wesentlichen vom Aktivatorgehalt ab. Je höher dieser ist, desto höher der C-Wert und damit unter gleichen Bedingungen die nutzbare Härtetiefe oder das zulässige Schleifaufmaß. Dementsprechend ist für die Auswahl eines Kohlungsbades zunächst die zu erzielende Einsatzhärtetiefe und das Schleifaufmaß von grundlegender Bedeutung.

**22. Gasaufkohlen.** Wie aus Bild 14 zu ersehen ist, gilt für die Gasaufkohlung, daß das Gas um so schneller kohlt — also auch um so kräftiger — je höher die Temperatur ist. Trotzdem kommt es hierbei nur zu geringen Randkohlenstoffgehalten (aber größeren Einsatztiefen), da die Diffusionsgeschwindigkeit bei steigender Temperatur im Stahl rascher zunimmt als die Kohlenstoffaufnahme aus dem Gas. Daher kann man hier — im Gegensatz zur Kohlung mit festen Mittel — durch Ändern der Kohlungsdauer und -temperatur verschieden hohe Randkohlenstoffgehalte erzielen. So erhält man z. B. bei gleicher Tiefe bei 850 °C über 5 Stunden einen Randgehalt von 0,9% und bei 900 °C über 4 Stunden einen solchen von 0,75%. Demzufolge spielt auch die Stahlart so gut wie keine Rolle, da es bei den üblichen Kohlungstiefen selten zu übereutektoiden Randgehalten kommt. Auch steigt der C-Gehalt im Rand mit der Kohlungsdauer. Man wird daher bei großen Kohlungstiefen hohe Temperaturen wählen (niedriger Randkohlenstoffgehalt und kurze Glühdauer) und bei geringen Kohlungstiefen niedrige Temperaturen (höherer Randkohlenstoffgehalt). Zu erstrebende Randgehalte sind z. B. bei unlegiertem Stahl 0,8···1,1%; bei 16 Mn Cr 5 und 18 Cr Ni 8

0,7···0,9%; bei 14 Cr Ni 14 und 14 Cr Ni 18 0,7···0,8% [20]. Ein weiterer Vorteil der Gaskohlung ist, daß vorspringende Kanten und Konturen nicht überkohlt werden. Weiche Stellen, wie sie bei festen Einsatzmitteln leicht entstehen können, kommen bei der Gasaufkohlung nicht vor.

Das Kohlungsgut wird zunächst auf geeigneten Gestellen oder Gehängen gelagert oder angehängt und so in den kalten oder auf Kohlungstemperatur befindlichen Ofen eingebracht. Kleinere Chargen bringt man auch in einem Glühtopf verpackt in Kammer- oder Muffelöfen. Zur Abkühlung nimmt man die kleineren Glühtöpfe aus dem Ofen und läßt die Teile im Topf erkalten. Bei größeren Töpfen, die man nicht aus dem Ofen nehmen kann, ist dies nicht ratsam, da dies zu unwirtschaftlich langen Kühlzeiten führen würde. In diesem Fall kühlt man aus dem Ofen in einem Warmbad oder Öl ab. Sollen die Teile nach dem Aufkohlen noch bearbeitet werden, so wandelt man in einem Bad bei etwa 600 °C in der Perlitstufe isotherm um und kühlt an Luft ab. Bei einigen Einsatzstählen ist allerdings eine schnelle Abkühlung unbedingt notwendig, da diese, wie z. B. Cr–Mn- und Cr–Ni-Stähle bei langsamer Abkühlung zum Reißen neigen. Zur Kontrolle kann man einige kleine Probestücke aus derselben Charge mit einsetzen, von denen dann von Zeit zu Zeit eines gezogen, abgeschreckt und gebrochen wird. An der Bruchfläche läßt sich leicht die Tiefe der Einsatzschicht erkennen.

**23. Örtliche Aufkohlung** kann man auf zweierlei Weise erreichen:

1. dadurch, daß man die Stellen der Oberfläche, die weich bleiben sollen, durch einen Überzug vor Aufkohlung schützt;

2. dadurch, daß man zunächst die ganze Oberfläche aufkohlt und vor dem Härten die gekohlte Schicht an den Stellen die weich bleiben sollen, entfernt. Dazu muß an diesen Stellen eine Bearbeitungszugabe vorhanden sein, die etwas stärker als die aufgekohlte Schicht ist. Das zweite Verfahren ist zuverlässiger.

*Zu 1.* Eine gute Deckschicht darf nicht reißen, abbröckeln, schwinden oder sich ausdehnen. Sie soll sich nach dem Aufkohlen leicht entfernen lassen und die Oberfläche bei hohen Temperaturen nicht angreifen. Zudem soll sie billig sein, besonders in der Massenfertigung. Im wesentlichen unterscheidet man zwei Überzüge:

a) Lehm oder Pasten auf der Basis von Wasserglas. Auch Anstrichmittel, die mit dem Pinsel oder durch Eintauchen aufgetragen werden, haben sich gut bewährt. Es ist zweckmäßig, die auf dem Markt angebotenen Mittel zu verwenden und auf eine eigene Herstellung zu verzichten, da sonst mit Fehlhärtungen zu rechnen ist.

b) Galvanische Verkupferung in einer Stärke von 0,025 bis 0,05 mm. Die zu härtenden Flächen sind während der Verkupferung durch einen Überzug aus Email, Bienenwachs und Kollophonium oder — bei Drehteilen — auch aus Gummi zu schützen. Manchmal wird auch das ganze Teil verkupfert und an den zu härtenden Flächen wird der Cu-Überzug wieder entfernt. Das Verkupfern verlangt glatte, sorgfältig gereinigte Flächen. Für große Teile ist das Verfahren schwierig durchzuführen. Es eignet sich eher für kleine Teile in größerer Menge.

*Zu 2.* Das Verfahren ist immer dann zweckmäßig, wenn die nicht zu härtenden Stellen der Oberfläche ohnehin bearbeitet werden müssen. Die Teile werden nach dem Aufkohlen langsam abgekühlt oder aber nach einem Abschrecken hochgeglüht, damit sie zur Bearbeitung weich sind. Anschließend werden sie fertiggehärtet.

# E. Aufsticken

**24. Herkömmliche Verfahren.** Hinsichtlich der Durchführung unterscheidet man in der Hauptsache das Gas- und das Badnitrieren.

Beim *Gasnitrieren* werden die Werkstücke in einem gasdichten Ofen einer stickstoffhaltigen Gasatmosphäre — im allgemeinen verwendet man Ammoniakgas ($NH_3$) — bei etwa 500···520 °C ausgesetzt und nach der entsprechenden Einwirkzeit langsam wieder abgekühlt. Die Dauer richtet sich nach der verlangten Nitriertiefe. Anhaltswerte dafür liefern die Nitrierkurven, von denen die Abb. 16 ein Beispiel zeigt.

Das *Badnitrieren* führt man etwa bei 560⋯580 °C in Cyanbädern (Salzbädern) durch, die einen verhältnismäßig hohen Cyanatgehalt (etwa 50%) aufweisen. Da hierbei — wenn auch in geringem Umfang — gleichzeitig Kohlenstoff vom Werkstück aufgenommen wird, ist es fast schon als ein Karbonitrieren anzusprechen, nur mit dem Unterschied, daß hier die Kohlenstoffaufnahme nicht gewollt ist. Die normale Nitrierzeit beträgt 2 Stunden. Danach werden die Teile in Wasser abgeschreckt. Sollen die dabei evtl. auftretenden Spannungen vermieden werden, so verwendet man Bäder mit etwas höherer Temperatur von ca. 80 °C.

Die Vorteile des Badnitrierens gegenüber dem Gasnitrieren liegen einmal in der geringeren Nitrierzeit bei gleicher Nitriertiefe und -temperatur und zum anderen sind die Werkstücke im Bad leichter zu wechseln als im gasdichten Ofen. Teilnitrierungen können auch ohne Abdeckung vorgenommen werden, wenn es möglich ist, die Werkstücke nur teilweise in das Bad einzuhängen. Nachteilig sind die höheren Kosten bei einer Massenfertigung.

Bei der niedrigen Arbeitstemperatur und weil ein Abschrecken nicht erforderlich ist [1], erhält man fast verzugsfreie Teile, sofern man sie vorher spannungsfrei geglüht hat. Ein Abplatzen der gehärteten Schicht tritt nicht ein. Eine leichte, aber gleichmäßige Volumenzunahme (allseitig etwa 0,02⋯0,03 mm) muß man allerdings vorher be-

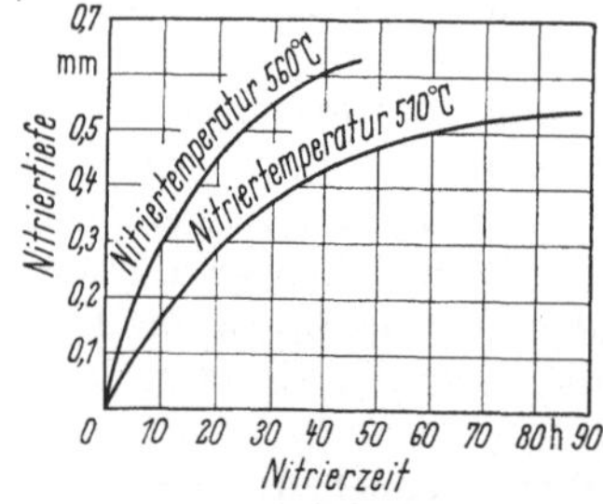


Bild 16. Nitriertiefe abhängig von Nitrierzeit und -temperatur (für einen mit Cr und Al legierten Nitrierstahl).

rücksichtigen. Höhere Temperaturen als die angegebenen sind unvorteilhaft, da durch sie zwar die Nitrierzeit abnimmt und die Härtetiefe steigt, aber die Härte selbst geringer ist. Da außerdem die Teile vor dem Nitrieren vergütet werden müssen, vor allem, wenn sie hohen Flächenpressungen ausgesetzt sind, würde die dabei erreichte Festigkeit durch Anlassen erniedrigt werden. Will man lediglich eine Steigerung der Korrosionsbeständigkeit erreichen, so geht man wohl auch zum *Antikorrosionsnitrieren* über, das bei Temperaturen von 600 bis 850 °C etwa 1/4 bis 2 Stunden durchgeführt wird. Ein evtl. anschließendes Härten steigert die Festigkeit, aber auch die Sprödigkeit. In allen Fällen wird nur auf max. 0,4 mm Tiefe nitriert.

**25. TENIFER-Verfahren.** Eine Weiterentwicklung des *Weichnitrierens* [20] ist das TENIFER-Verfahren[1]. Seine Wirkung beruht auf folgenden Vorgängen: Durch ein besonders zusammengesetztes Nitrierbad wird ein oxydierendes Gas, am einfachsten Luft, durchgeleitet. Diese aufsteigende Luft führt zu einer ständigen Zersetzung des Cyanids (KNC), wobei ein instabiles Cyanat (KCNO) entsteht, das seinen Stickstoff sehr leicht an den Stahl abgibt. Das Verhältnis beider (KCN : KCNO) soll etwa 50% : 42⋯50% betragen bei einer eng begrenzten Betriebstemperatur von 570 °C. Die Nitrierwirkung des Bades kann mit der Luftmenge reguliert werden. Die durchschnittliche Nitrierdauer beträgt etwa 90⋯120 min, wodurch diese Behandlung leicht in eine Bearbeitungsstraße eingegliedert werden kann. Wichtig für dieses Verfahren ist die Verwendung eines Titantiegels, durch den erst einwandfreie Ergebnisse erzielt werden. Durch die Einwirkung des Cyanats auf die Werkstückoberfläche entsteht dabei eine etwa 12⋯15 μm starke Schicht, (Verbindungszone) die aber nicht spröde ist, sondern im Gegenteil eine gute Verformbarkeit besitzt. Die so behandelten Teile zeigen eine beachtliche Steigerung

---

[1] hergeleitet aus tenax = zäh, fest, nitrogenium = Stickstoff und ferrum = Eisen. Das Verfahren ist ein Patent der Fa. DEGUSSA, Frankfurt/Main.

ihrer Dauerfestigkeit, Gleiteigenschaften und ihrer Verschleißfestigkeit. Grundsätzlich können alle Eisenlegierungen nach dem TENIFER-Verfahren behandelt werden. Da der gelöste Stickstoff für die Dauerfestigkeit von besonderer Bedeutung ist, schreckt man unlegierte Stähle ab, wenn höchste Dauerfestigkeit erzielt werden soll. Bei mit nitridbildenden Elementen (z. B. Al, Cr, V, Mo) legierten Materialien ist kein Abschrecken nach dem Nitrieren notwendig, da die Dauerfestigkeit bei diesen Werkstoffen weitgehend unabhängig vom Abkühlverfahren ist.

Bei Gußeisen ist die Verwendung von Tiegeln, die mit Sonderwerkstoffen ausgekleidet sind, unbedingte Voraussetzung.

**26. Karbonitrieren.** Hierbei werden das Aufkohlen und das Aufsticken miteinander kombiniert [1]. Unlegierte, kohlenstoffarme Stähle werden dazu bei $750\cdots860\,°C$ in gasförmigen (z. B. Ammoniak), flüssigen oder festen Mitteln eingesetzt, die gleichzeitig aufkohlend und aufstickend wirken. Die Randzone enthält dabei etwa $0{,}6\cdots0{,}9\%$ C und $0{,}4\cdots2\%$ $N_2$ und kann je nach Anforderung verändert werden. Dadurch werden die Oberflächenhärte und Verschleißfestigkeit von Bauteilen wesentlich verbessert. Auch eine Kombination mit dem TENIFER Verfahren ist heute schon gebräuchlich. Dabei betragen die Temperaturen um $700\,°C$ und der Cyanatgehalt des Bades soll etwa bei $15\%$ liegen. Es entsteht hierbei eine ähnliche Verbindungszone wie beim reinen TENIFER-Verfahren, nur daß sich nach der Abschreckung in Öl oder Wasser darunter eine Martensitzone von etwa 0,1 mm Dicke bildet.

Es können jedoch nur unlegierte Stähle verwendet werden, die also gleichzeitig niedrige Kernfestigkeit haben. Angewendet werden kann das Verfahren demnach für alle solche Teile, die eine hohe Verschleißfestigkeit und gute Korrosionsbeständigkeit bei nicht allzu hoher Flächenpressung haben sollen. Da kaum Maßänderungen eintreten, können fertige Teile behandelt werden. Nachträgliche Wärmebehandlungen und Schleifen können entfallen, allenfalls ein Polieren ist noch notwendig. Einsatzgebiete sind z. B. Teile für Büromaschinen, Nähmaschinen o. ä. Die Werkstücke werden vor der Behandlung zweckmäßig vorgewärmt, aber nicht über $350\,°C$, da die dann eintretende Oxydation die Karbonitrierwirkung schädigen würde. Günstig ist, daß die hohe Verschleißfestigkeit auch bei höheren Temperaturen ($500\,°C$) erhalten bleibt.

## F. Sonstige Verfahren

Da diese keine so umfassende Verbreitung erfahren haben wie die vorher erwähnten Verfahren und meistens auch nur in Sonderfällen angewendet werden, sollen sie hier nur kurz und der Vollständigkeit halber angeführt werden.

**27. Härteverfahren.** Beim *Brennhärten* wird durch örtliches Erhitzen der Oberfläche mit besonders konstruierten Brennern und unmittelbarem Abkühlen durch einen Wasserstrahl gehärtet (Näheres s. [8]). Geeignet sind hierzu nur Vergütungsstähle. Im Gegensatz dazu wird beim *Induktionshärten* die Wärme in der Werkstückoberfläche durch induzierte Wirbelströme in sehr kurzer Zeit erzeugt. Nach dem Erwärmen wird wie gewöhnlich in Wasser — selten in Öl — abgeschreckt (Näheres s. [10]). Hier kommen nur Stähle mit genügend großem Kohlenstoffgehalt (über $0{,}35\%$) in Betracht.

Beim *Oberflächenhärten mit völliger Durchwärmung des Werkstückes* handelt es sich um Härteverfahren für Werkzeuge, Walzen, Gesenke, Schienen u. ä., die aus schlecht durchhärtenden Stählen hergestellt werden. Die oberflächliche Abschreckung wirkt daher nur bis zu einer gewissen Tiefe (Schalenhärter, unlegierte Werkzeugstähle). Auch das *OCe-Verfahren* (OCe = ohne Cementation) beruht auf diesen Vorgängen. Das Werkstück wird vorgewärmt und nur eine bestimmte, kurze Zeit in ein Härtebad getaucht, die nicht ausreicht, das Teil bis in den Kern hinein zu härten.

Beim *Tauchhärten* [1] benutzt man Schmelzbäder, deren Temperatur mindestens 100 °C oberhalb der Härtetemperatur des Stahles liegt. Je größer das Wärmegefälle zwischen dem Bad und dem eingetauchten Werkstück ist, desto schroffer ist der Wärmeübergang zwischen Rand und Kern und um so kleiner kann die Einhärtetiefe gehalten werden. Das Werkstück kann dabei vorgewärmt sein, um die beim Härten entstehenden Spannungen klein zu halten. Es kann aber auch kalt eingebracht werden, wenn man ein vorher erzeugtes Vergütungsgefüge beibehalten will. Tauchhärten hat gegenüber der Brenn- und Induktionshärtung den Vorteil, daß die verschiedensten Profile und Querschnitte, sowie Teile, die in mehr als 2 Dimensionen gekrümmt sind, ohne besondere Vorrichtungen im gleichen Schmelzbad und mit beliebigen Abschreckmitteln gehärtet werden können. Es ist also vorteilhaft dort einzusetzen, wo Spezialhärteanlagen fehlen oder sich nicht lohnen.

**28. Behandlungsverfahren.** Kleine Teile können oft stellenweise eine leichte Einsatzhärtung durch *Abbrennen* erhalten, wie z. B. die Köpfe und Druckenden von Schrauben, die Zentrierungen von Dornen usw. Besser geeignet für diesen Zweck wäre das Salzbad. Hat man aber keines zur Verfügung, so brennt man die Stellen mit „Kali" (Ferrozyankali = gelbes Blutlaugensalz) wie folgt ab: man erhitzt im Bleibad oder mit einer offenen Flamme die zu härtende Stelle kirschrot, gibt reichlich Kali auf, erhitzt nochmals und schreckt dann ab. Man wiederholt diese Behandlung mehrmals. Statt Kali kann man auch käufliche Aufstreupulver verwenden. Die harte Schicht entsteht durch Aufsticken und Aufkohlen. Sie wird nur sehr dünn, auch nicht sehr gleichmäßig, genügt aber für manche Zwecke. Durch *Bunthärten* kann man Teile, wie Schraubenschlüssel, Griffe, Muttern, Knöpfe usw. neben einer leichten Einhärtung an der Oberfläche noch buntwolkig färben, sowohl für das hübsche Aussehen als auch für einen Rostschutz. Härtung und gleichzeitige Färbung erzielt man in folgender Weise: die Teile werden sorgfältig entfettet und blank geputzt. Ohne sie mit der Hand anzufassen, werden sie dann in einen Kasten mit gemahlener Knochenkohle oder einem Gemisch aus dieser und Holzkohle eingepackt und 4···6 Stunden bei etwa 900 °C geglüht. Anschließend stürzt man die Teile mit dem Einsatzpulver aus dem Kasten in ein Wasserbad, damit sie nicht mit der Luft in Berührung kommen. Beliebige Farben von Hellgelb bis Dunkelpurpur kann man wie folgt erzielen: nach dem Abschrecken poliert man die Teile sauber und erhitzt sie in einem Gasofen oder in einer Gasflamme, bis die gewünschte Farbe erscheint, dann kühlt man sie in kaltem Wasser ab. Am einfachsten und sichersten härtet man bunt in einem Bad von reinem Zyankali bei etwa 780 °C, indem man die Teile nach dem Durchwärmen noch etwa 8···10 min im Bad läßt und dann in Wasser abkühlt.

# II. Einrichtungen zur Wärmebehandlung
## A. Allgemeine Betrachtungen

In der Härtereitechnik werden heute Temperaturen von etwa 150 ° bis 1350 °C benötigt. Es ist einleuchtend, daß dieser ganze Bereich aus technischen und wirtschaftlichen Gründen nicht mit ein und derselben Ofenbauart überbrückt werden kann. Die Öfen, die zum Glühen, Härten, Aufkohlen, Aufsticken oder Anlassen verwendet werden, sind dementsprechend nach Größe und Aufbau sehr verschieden.

**29. Anforderungen an die Öfen** die sich nach dem Verwendungszweck richten, sind kurz folgende:

a) Der Ofen muß *betriebssischer* und zuverlässig sein; er muß leicht und schnell instandzusetzen und -zuhalten sein und eine gute Haltbarkeit haben;

b) Er muß *wirtschaftlich* arbeiten;

c) Die gewünschte *Temperatur* muß *schnell* und *zuverlässig* auf die gewünschte Höhe zu bringen und *regelbar* sein;

d) Die *Temperatur* muß unbedingt im gesamten Glühraum *gleichmäßig* sein;

e) Die *Oberfläche* des Glüh- und Härtegutes darf von der Ofenatmosphäre *nicht angegriffen* werden;

f) Der Betrieb soll *bequem, sauber* und *ruhig* sein.

**30. Heizmittel.** Als Heizmittel werden feste, flüssige und gasförmige Brennstoffe, sowie elektrischer Strom verwendet.

**a)** Feste Brennstoffe (Kohle, Koks) werden — abgesehen von einigen Sonderfällen — im allgemeinen für Härteöfen heute nicht mehr eingesetzt.

**b)** Die flüssigen und gasförmigen Brennstoffe lassen sich bequemer und billiger zu den Verbrauchern leiten als die festen. Die Feuerungsanlagen bleiben sehr sauber, Asche und Schlacke entstehen nicht. Die Zufuhr des Brennstoffes zur Feuerung erfolgt selbsttätig, läßt sich bequem regeln und auf die gewünschte Verbrennungstemperatur genau einstellen. Diese gute Regelbarkeit der Wärmezufuhr ist gleichfalls ausschlaggebend für die Wirtschaftlichkeit und Eignung des Ofens. Sie hat sich nicht nur der Glühtemperatur anzupassen, sondern sie muß auch gedrosselt werden, wenn nach dem Einbringen des Wärmgutes in den Ofen sich dessen Temperatur allmählich der des Ofens nähert. Sie muß schließlich, wenn beide die vorgeschriebene Höhe erreicht haben, nur noch die Verluste des Ofens decken. Einmal eingestellt, erfordert die Feuerung bei flüssigen und gasförmigen Heizmitteln so gut wie keine weitere Bedienung. Diese Brennstoffe verbrennen mit geringem Luftüberschuß, wobei das Gas und die Verbrennungsluft vorgewärmt werden können. Hierdurch erzielt man eine hohe Verbrennungstemperatur. Luft- und Brennstoffmenge lassen sich so gegeneinander abstimmen, daß die Flamme sowohl oxydierend als auch reduzierend wirken kann. Hinzu kommen eine schnelle Betriebsbereitschaft bei Dauer- und unterbrochenem Betrieb sowie saubere und einfache konstruktive Anschlußmöglichkeiten.

Öfen, die mit *flüssigen Brennstoffen (Öle)* beheizt werden, setzen sich immer mehr durch infolge ihrer guten Regelbarkeit bis zu den höchsten Temperaturen. Bei den verschiedenen Ölsorten unterscheidet man nach ihrer Gewinnung: Braunkohlenteeröl, Steinkohlenteeröl und Erdöl. Es kann grundsätzlich jedes Heizöl verwendet werden, aber aus Gründen der Wirtschaftlichkeit ist den dünnflüssigen Ölen mit möglichst geringem Schwefelgehalt (max. 1%) der Vorzug zu geben. Um Heizöl zu verbrennen, muß es infolge seiner geringen Zündgeschwindigkeit durch Zerstäuben (mit oder ohne zusätzlichem Zerstäubungsmittel) in einen gasähnlichen Zustand überführt werden.

Wenn auch die Temperaturen der Öfen bei Ölheizung vielleicht nicht ganz so gleichmäßig zu halten und zu regeln sind wie bei Gas, so ist doch der Ölbetrieb dafür unabhängig von einer Zentrale und die Ölflamme infolge des höheren Heizwortes heißer als die Gasflamme, so daß der Ölofen schneller auf Temperatur kommt. Auch gibt die leuchtende Ölflamme durch Strahlung mehr Wärme ab als die nicht oder nur wenig leuchtende Gasflamme. Das wirkt sich bei sonst gleicher Ofenkonstruktion in etwas niedrigeren Abgastemperaturen und einem etwas höheren feuerungstechnischen Wirkungsgrad aus.

*Gasförmige Brennstoffe* sind in der Hauptsache: Generatorgas, Gichtgas, Ferngas (Koksofengas), Stadtgas (Leuchtgas), Erdgas.

*Generatorgas* arbeitet nur bei großem Verbrauch wirtschaftlich. Als Ferngas wird es nicht fortgeleitet, da der Gaswert (Preis pro kcal) höhere Drucksteigerungskosten nicht verträgt. Es kommt u. U. auch für kleinere Härtereien in Frage, wenn etwa zugleich große Schmiedeöfen oder andere Wärmeverbraucher zu beheizen sind. Große einzelne Öfen, z. B. Durchlauföfen verbindet man manchmal unmittelbar mit einem Generator.

*Gichtgas* kommt wegen seines geringen Heizwertes und seiner begrenzten Regelbarkeit (infolge des geringen Wasserstoffgehaltes) nur für Betriebe in Frage, die in unmittelbarer Nähe der Gichtgaserzeuger (Hochöfen) liegen. *Ferngas* und *Stadtgas* sind heute mit die wichtigsten Brennstoffe für alle Ofenarten, wie Glüh-, Härte-, Anlaß- und Kohlungsöfen.

Die Verwendung von *Erdgas* wird in naher Zukunft noch an Bedeutung gewinnen, wenn das Fernleitungsnetz ausreichend erweitert ist. Der feuerungstechnische Wirkungsgrad des Erdgases ist allerdings etwas niedriger als der des Koksofengases. Der Preis für Erdgas wird weitgehend von den Fortleitungskosten bestimmt werden.

Hinsichtlich der einzelnen Brennstoffsorten, ihrer Zusammensetzung und Heizwerte, sowie dem Betriebsverhalten (geeignete Brennertypen, Regeleinrichtungen, Sicherheitsbestimmungen usw.) sei auf die entsprechende Literatur verwiesen [4, 9, 12].

c) **Elektrischer Strom** zur Erwärmung des Glühgutes hat alle Vorzüge von Gas u. Öl in erhöhtem Maße: gute Regelbarkeit und Anpassungsfähigkeit, gleichmäßige Ofenraumtemperaturen, sauberer und bequemer Betrieb, gleichmäßige Qualität der Erzeugnisse. Hinzu kommt, daß die stofflose Elektrizität weder natürlichen noch künstlichen Zuges bedarf und geräuschlos arbeitet. Nachteilig ist, daß im elektrischen Glühofen kein Überdruck herrscht und daher der Luftsauerstoff Zutritt zum Wärmgut hat. Öfen mit dieser Beheizungsart werden, da die Wärmekosten dieses Energieträgers höher sind als die der übrigen Brennstoffe, nur dann eingesetzt, wenn die Wirtschaftlichkeit durch einen niedrigen Strompreis gegeben ist oder wenn diese Beheizungsart aus Qualitätsgründen erforderlich wird. Für Glüh- und Salzbadöfen — auch in großen Abmessungen — wird der Strom heute schon häufig eingesetzt.

Der elektrische Strom kann auf verschiedene Art als Heizmittel verwendet werden; durch Widerstandserwärmung des Werkstückes selbst oder bestimmter Heizelemente oder durch Induktionserwärmung des Werkstückes (Näheres s. [7]).

**31. Wirtschaftlichkeit.** Die Beurteilung der Wirtschaftlichkeit zweier Brennstoffe für einen gegebenen Wärmeprozeß läßt sich nur im Rahmen eines Vergleiches des gesamten Prozesses und seiner Kosten durchführen. Die veredelten Energien Gas, Öl und Elektrischer Strom werden bei einem Vergleich der reinen Brennstoffkosten schlechter abschneiden als die billigen festen Brennstoffe. Der höhere Preis für die veredelten Energien läßt sich aber häufig rechtfertigen, wenn die anfallenden Nebenkosten ebenfalls berücksichtigt werden. Eine weitere Kostenminderung, die nicht immer gleich sichtbar zu Buche schlägt, ist durch folgende Umstände gegeben: Ofenhaltbarkeit, gleichmäßige Qualität der Härtereierzeugnisse, Minderung des Ausschusses durch gute Regelbarkeit der Ofentemperatur, sowie Platzersparnis in der Werkstatt durch raumsparende Feuerungskonstruktionen, womit auch meistens eine bessere Übersichtlichkeit und Sauberkeit im Betrieb erreicht wird. Hierfür lassen sich verständlicherweise keine konkreten Zahlen angeben. Sie können aber aufgrund der vorliegenden Verhältnisse jederzeit ermittelt werden.

Unter Berücksichtigung der Tatsache, daß für einen Vergleich zweier Brennstoffe nicht deren unterer Heizwert sondern der Nutzwärmeanteil (s. Abschn. 32) maßgebend ist, kann man sich leicht selbst die Kosten für die ausgenutzte Wärme verschiedener Energieträger ausrechnen. Dabei sind lediglich die Preise, die örtlichen und zeitlichen Schwankungen unterworfen sein können, zu ermitteln. Mit diesen Werten können die Kosten für 1000 kcal nach folgender Formel errechnet werden:

$$K = \frac{P}{H_u \times \eta_F} \times 1000$$

Darin bedeuten:

$K$ = Kosten für 1000 kcal in [Dpf],

$P$ = Preis für den Brennstoff einschl. Fracht in [Dpf/kg] oder [Dpf/Nm³] oder [Dpf/kwh],

$H_u$ = Unterer Heizwert des Brennstoffes in [kcal/kg] oder [kcal/Nm³] oder [kcal/kwh] (aus einschlägigen Tabellenbüchern oder vom Lieferer zu erfahren),

$\eta_F$ = Feuerungstechnischer Wirkungsgrad in [%] (Er ist das Verhältnis der ausgenutzten Wärmemenge zu der im Brennstoff zugeführten gesamten Wärmemenge).

Für $\eta_F$ können etwa folgende Werte in % zugrunde gelegt werden:

| Temperatur | Heizöl | Generatorgas aus Anthrazit | Generatorgas aus Braunkohlenbriketts | Ferngas | Elektrizität |
|---|---|---|---|---|---|
| bei 500 °C | 77 | 72 | 75 | 78 | 100 |
| bei 1000 °C | 51 | 42 | 47 | 54 | 100 |
| bei 1300 °C | 35 | 22 | 30 | 40 | 100 |

Zur Ermittlung der gesamten Betriebskosten sind neben den Kosten für die Beheizung selbstverständlich auch die Abschreibungen, Verzinsung und Instandhaltung der Öfen zu berücksichtigen.

Häufig sind auch andere Einflußfaktoren vorhanden, die einen Preisvergleich der Brennstoffe illusorisch machen, da von anderen Voraussetzungen ausgegangen werden muß. Bei der Härtung von hochwertigen Schnellstahlwerkzeugen z. B. sind die Wärmekosten weniger ausschlaggebend als der Einfluß der Erwärmungsart im Hinblick auf die Eigenschaften des Härtegutes.

**32. Erwärmungsvorgang.** Bei der Erwärmung im Ofen wird die im Brennstoff chemisch gebundene Energie nach der Zufuhr von Luft und der Verbrennung in einem Brenner in Form fühlbarer Wärme dem Ofenraum mit den Verbrennungsgasen zugeführt. Die Verbrennungstemperaturen liegen je nach Brennstoff, Mischungsverhältnis mit Luft, Brennerbauart und -einstellung sowie Vorwärmung der Luft bzw. des Gases zwischen 1100 °C und 2200 °C. Die Ofentemperaturen liegen entsprechend niedriger und zwar je nach Bauart und Ofenführung maximal zwischen 1100 °C und 1600 °C.

Von der gesamten zugeführten Wärmeenergie steht für die Erwärmung des Glühgutes nur ein Bruchteil zur Verfügung. Der Rest sind Verluste der verschiedensten Art wie z. B. Abgasverluste, Verluste durch das Aufheizen des Ofenmauerwerkes, Abstrahlungsverluste, Verluste die beim Öffnen und Schließen der Ofentür entstehen usw.

Zur Kennzeichnung der Wirtschaftlichkeit von Härteöfen dienen hauptsächlich zwei Kenngrößen:

a) *der feuerungstechnische Wirkungsgrad* gibt an, welcher Anteil der zugeführten Wärmemenge innerhalb des Ofens von den Heizgasen abgegeben wird. Er dient als Maßstab zum Vergleich verschiedener Öfen, verschiedener Brennstoffe oder auch zum Vergleich verschiedener Öfen mit verschiedenen Beheizungssystemen. Er sagt jedoch nichts darüber aus, wie sich die im Ofen verbliebene Wärme weiter verteilt. Hierzu dient die zweite Kenngröße:

b) *der Gütegrad* gibt den Anteil der Nutzwärme an der im Ofen verbliebenen Wärme an. Er hängt in erster Linie von der Herdflächenleistung des Ofens ab, d. i. die Menge an Wärmgut in kg, die in einer Stunde und bei einer Herdfläche von 1 m² erwärmt werden kann. Das Produkt aus a) und b) ist der *Gesamtwirkungsgrad*, der auch als *Nutzwärmeanteil* bezeichnet wird. Hinsichtlich seiner Berechnung siehe [9].

Die von den Heizgasen an das Wärmgut abgegebene Wärme gelangt durch *Konvektion* und *Strahlung* (der Gase und der Ausmauerung) an die Oberfläche der Werkstücke und wird von dort infolge des vorhandenen Wärmegefälles durch *Wärmeleitung* in das Innere weitertransportiert. Das ist der Grund, warum die Kerntemperatur für die Dauer der Erwärmung stets geringer ist als die Oberflächentemperatur. Diese Differenz ist allerdings auch zeitabhängig und daher besonders groß bei kurzzeitiger Erhitzung. Für eine gleichmäßige Durchwärmung sind daher längere Haltezeiten anzusetzen, ohne daß aber die zulässige Dauer überschritten wird. Je heißer der Ofen ist, um so schneller wird das Werkstück erwärmt. Soll daher die Anwärmzeit recht kurz werden, so muß der Ofen erheblich heißer sein (100 °C und mehr) als die verlangte Endtemperatur des Wärmgutes. Da aber andererseits die höhere Ofentemperatur die Gefahr der Überhitzung des Werkstückes mit sich bringt, verzichtet man bei empfindlichem Stahl besser auf sie und nimmt eine längere Glühzeit in Kauf bzw. überhitzt den Ofen höchstens um so viel, wie er durch das kalt eingebrachte Wärmgut abfällt. Berührt die scharfe Flamme (Stichflamme), das Wärmgut, so ist ungleichmäßige Erwärmung und örtliche Überhitzung nicht zu vermeiden. Deshalb sucht man bei Härteöfen das Wärmgut vor dieser Flamme zu bewahren, was sowohl durch die Konstruktion des Ofens oder des Brenners als auch durch die Art der Verbrennung möglich ist.

Bei der *elektrischen Widerstandserwärmung* wird das Werkstück als Leiter in den Sekundärstromkreis eines feinstufig regelbaren Transformators geschaltet und infolge seines Eigenwiderstandes dabei erwärmt. Im Gegensatz zur induktiven Erwärmung sind die Temperaturen bei der hier allgemein verwendeten Netzfrequenz praktisch über den ganzen Querschnitt gleich. Die Erwärmung geht daher bei entsprechender Energiezufuhr kurzzeitiger vor sich — je kurzzeitiger, desto geringer sind die Abstrahlverluste und desto höher der Wirkungsgrad. Zwecks Vermeidung örtlicher Temperaturspitzen kommt es auf guten Flächenkontakt zwischen dem Werkstück und den Elektroden an. Ein weiterer Vorteil ist der geringere Investitionsaufwand gegenüber dem induktiven Verfahren. Hinsichtlich der Vorgänge bei den örtlichen Erwärmungsvorgängen wie *Induktionshärten* und *Brennhärten* siehe [10, 8].

**33. Wärmerückgewinnung.** Die Vorteile einer Vorwärmung von Verbrennungsluft und Gas sind um so größer, je höher die Abgastemperaturen liegen, d. h. je niedriger der feuerungstechnische Wirkungsgrad ist. Es liegt also nahe, die in den Abgasen enthaltene Wärme für die Vorwärmung der Verbrennungsluft und des Gases nutzbar zu machen. Eine unmittelbare Rückgewinnung der Abgaswärme durch Rückführung der Abgase in den Ofenraum oder in einen zweiten Ofen zum Vorwärmen empfindlicher Stähle (hochlegierte Stähle) bleibt auf Arbeitstemperaturen unter 700 °C beschränkt. Eine Überschreitung dieser Temperaturen ist mit Rücksicht auf die Hitzebeständigkeit der Werkstoffe von Umwälzventilatoren, die dazu notwendig sind, nicht möglich. Bei kleinen Öfen, deren Abgastemperaturen 700···1200 °C betragen können, gewinnt man daher diese Wärme in Wärmeaustauschern (Rekuperatoren) zurück (Bild 17). Es sind bei dieser Vorwärmung für die Verbrennungsluft etwa 400 °C und für Generatorgas etwa 250···300 °C anzustreben, wobei zu bemerken ist, daß durch die Vorwärmung des Gases bei Generatorgas erst überhaupt ausreichende Verbrennungs-

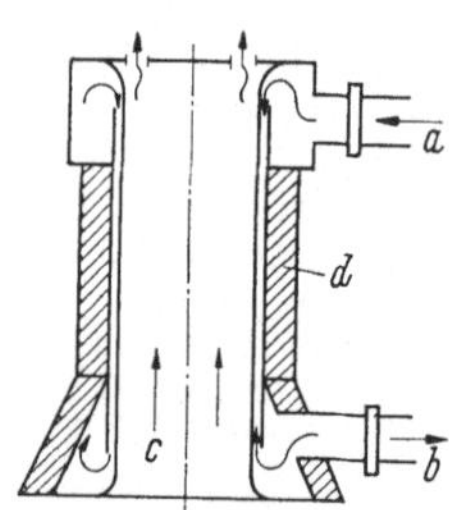

Bild 17. Schema eines Strahlungsrekuperators (Rekuperator KG). *a* Kaltlufteintritt; *b* Heißlufteintritt; *c* Abgasführung; *d* Isoliermantel.

temperaturen erreicht werden. Die Vorwärmung von Stadt- bzw. Ferngas bringt dagegen keine wirtschaftlichen Vorteile und unterbleibt meistens. Bei der üblichen Ölbeheizung führt die Luftvorwärmung zu einer Brennstoffeinsparung und verbessert den Verbrennungsvorgang, in dem die Öltröpfchen in zündfähigen Öldampf überführt werden. Die erreichbaren Brennstoffeinsparungen können je nach Beheizungs- und Ofenbauart 15···50% betragen. Die vorgenannten Wärmeaustauscher bilden mit den Öfen meistens eine bauliche Einheit und müssen unempfindlich gegen Temperaturspitzen und Nachverbrennungen sein sowie leicht überwacht werden können.

## B. Öfen

**34. Gesichtspunkte zur Ofenwahl.** Die Öfen sollen nicht zu klein bemessen werden. Die größten vorkommenden Werkstücke und die anfallende Menge Glühgut sind für die Größe maßgebend. Ob ein gas-, öl- oder elektrisch beheizter Ofen vorzuziehen ist, ergibt sich nach wirtschaftlichen Gesichtspunkten (Abschn. 31). Aber auch die Art des Betriebes, ob 1-, 2- oder 3-schichtig gearbeitet wird, ob mit mehr oder weniger großen Unterbrechungen im Fertigungsablauf zu rechnen ist, welche Wärmebehandlungsverfahren und welche Stahlsorten überwiegen, beeinflußt die Ofenwahl.

Für kleinere und mittlere Teile, besonders Werkzeuge, werden vorwiegend gas- oder ölgefeuerte Kammer- und Muffelöfen benutzt. Muffelöfen eignen sich besonders für empfindliches Glühgut, das vor den Flammengasen geschützt werden muß. Für große Mengen kleinerer bis mittlerer Teile sind Durchlauföfen angebracht, die zusammen mit den Einrichtungen zum Vorwärmen, Abschrecken, Waschen und Reinigen zu automatisch arbeitenden Anlagen vereinigt werden können. Bei einem ständig wechselnden Erzeugungsprogramm (z. B. verschiedenartige Werkzeuge und Stahlsorten) sind die Salzbäder überlegen, die sich schneller umstellen lassen. Dabei wärmt man Teile aus empfindlichen Werkstoffen sowie größere und vielgestaltige Stücke häufig in einem Gas- oder Luftumwälzofen langsam vor und bringt sie danach im Salzbad schnell auf die erforderliche Temperatur.

Auch Schnellarbeitsstahl wird vorteilhaft in Schmelzbädern — überwiegend elektrisch beheizt — gehärtet. Die verhältnismäßig hohen Betriebskosten werden durch gute und gleichmäßige Qualität und geringe Ausschußquote ausgeglichen. Für große und vor allem für lange Werkstücke, wie Wellen, Kurbelwellen, Achsen, Läufer usw. verwendet man meistens gas- oder ölgefeuerte Kammer- oder Schachtöfen, die mit einem Chargierwagen oder einem Kran günstig zu beschicken sind.

**35. Bauliche und betriebliche Eigenarten.** Je größer die Öfen sind, d. h. je mehr Masse sie besitzen, um so mehr Wärme speichern sie. Dies ist vorteilhaft, wenn die Temperatur lange Zeit konstant zu halten ist, wie z. B. beim Einsetzen. Je öfter und schneller bei einem Ofen die Temperatur geändert werden muß, um so weniger Wärme darf er speichern. Dies ist nicht zuletzt eine Frage der *Steinqualität*, die zur Ausmauerung verwendet wird. Die höchste vorkommende Temperatur an der Gebrauchsstelle bestimmt diese Steinqualität. Es genügen im allgemeinen Schamottesteine, nur für sehr hohe Beanspruchungen verwendet man Silikasteine. Um die innere Ausmauerung muß je nach Ofengröße eine oder mehrere Schichten guter Isoliersteine gelegt werden, um die Wärmeverluste durch Abstrahlung nach außen gering zu halten. Um den Anheizverbrauch niedrig zu halten, wird das Innenfutter bei schicht- oder tageweisem Ofenbetrieb auch aus Steinen mit geringem Speichervermögen (Feuerleichtsteine) hergestellt. Die Aufmauerung wird durch eiserne Platten, Anker und dergl. oder durch einen vollständigen Mantel aus Gußeisen oder Stahl zusammengehalten.

Auch die Auswahl und die Anordnung der *Heizelemente* kann von großer Bedeutung für den Erwärmungsvorgang sein. So ergeben viele „weich" arbeitende *Brenner* in entsprechender Anordnung im Ofenraum eine größere Gleichmäßigkeit der Ofenraumtemperatur, was besonders für niedrige Glühtemperaturen (z. B. Erwärmen unlegierter Stähle auf Härtetemperatur) zweckmäßig ist. „Scharfe" Brenner (d. h. mit großer Leistung) dagegen ergeben einen wirtschaftlicheren Ofenbetrieb. Ihre schnellere Wärmeübertragung wird noch dadurch verstärkt, daß über Rotglut die Wärmeübertragung wesentlich stärker durch Strahlung als durch Wärmeleitung erfolgt. Das führt zu kurzen Erwärmungszeiten, da der Wärmeübertragungswirkungsgrad steigt. Allerdings ergibt der Einsatz weniger scharfer Brenner im Ofenraum größere Temperaturunterschiede und zudem wird das Mauerwerk in Brennernähe stark überhitzt, so daß nach dem Abschalten des

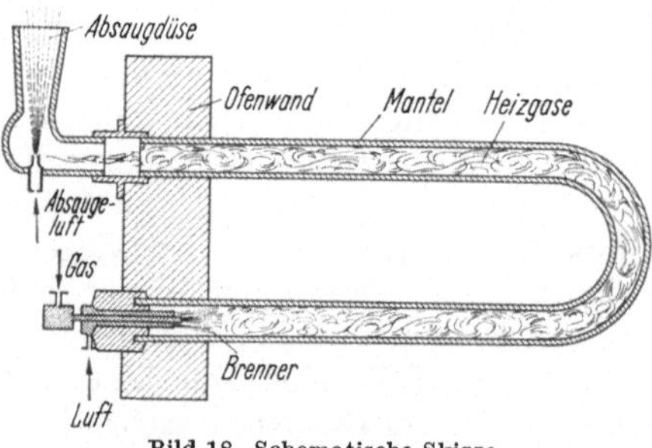


Bild 18. Schematische Skizze eines U-förmigen Strahlrohres.

Ofens die Temperatur des Ofenraums und auch des Wärmgutes durch die nachstrahlende Wärme aus der Ausmauerung weiter ansteigt. Diese Anordnung verschlechtert also die Regelbarkeit des Ofens. Bei sehr hohen erforderlichen Temperaturen kann man aber auch mit scharfen Brennern eine gewisse Gleichmäßigkeit erzielen. Daraus ergibt sich, das es praktisch unmöglich ist, gleichzeitig einen wirtschaftlich arbeitenden und einen gut regelbaren Ofen für verschiedene Temperaturbereiche einzusetzen. So wird man für das Anlassen zweckmäßigerweise einen anderen Ofen wählen als für z. B. das Härten von legierten Stählen. Eine Lösung wäre hier der *Doppelkammerofen* mit zwei voneinander getrennten Kammern. Die sonst notwendigen Sonderregelanlagen führen nur bei einem stark wechselnden Härtereiprogramm zu einer gewissen Wirtschaftlichkeit.

Eine andere Art der Heizelemente sind die *Strahlrohre* (Bild 18), bei denen in einem oder mehreren Rohren aus zunderbeständigem Stahl (bei sehr hohen Temperaturen verwendet man Keramik) eine Gas- oder Ölflamme brennt. Da die Gase nur innerhalb der Rohre zirkulieren, bleibt die Ofenatmosphäre von ihnen unbeeinflußt. Diese Rohre haben eine geringe Wärmekapazität, so daß beim Abschalten des Ofens keine Wärmestrahlung auf das Glühgut übergeht. Auch die Ausmauerung nimmt keine großen Wärmemengen auf, da sie nicht von direkten Flammengasen getroffen wird. Bei dem Einsatz mehrerer Rohre im Ofenraum nutzt man die Abgaswärme des ersten Rohres zum Anwärmen der Verbrennungsluft des nächsten usw. Dabei ordnet man die Rohre parallel und in der Flammenführung gegenläufig an, wodurch eine sehr gleichmäßige Temperaturverteilung im Ofenraum erzielt wird, zumal sich einzelne Strahlrohre auch auf verschiedene Temperaturen einstellen lassen, wodurch dieser Vorteil noch verstärkt werden kann. Solche *Strahlrohröfen* können außerdem sehr gasdicht gebaut werden und sind damit für das Arbeiten mit Schutzgasen und für Kohlungsvorgänge geeignet. Auch für die Beheizung von Salzbädern, Ölbädern u. ä. Ofenarten werden sie eingesetzt, wobei sie den Vorteil der geringeren Brandgefahr haben.

Bei der *elektrischen Beheizung* der Öfen ist die Art der Heizwiderstände je nach der geforderten Temperatur verschieden. Bis etwa 1000 °C Dauertemperatur verwendet man *Heizwicklungen* (Drahtwendeln oder Bänder) aus Chrom–Nickel

Legierungen, die sehr widerstandsfähig gegen Wärme und mechanische Beanspruchung sind. Das reicht im allgemeinen für die Kammer- und Muffelöfen, die im Dauerbetrieb selten über 1000°C gefahren werden. Darüber bis zu den höchsten vorkommenden Temperaturen von etwa 1350 °C nimmt man *Silitstäbe* (aus Siliziumkarbid, SiC), die durch den elektrischen Strom zum Glühen gebracht werden (*Silitstaböfen*). Silitstäbe sind empfindlich gegen mechanische Beanspruchungen wie Erschütterungen, Stöße und dergl., so daß sie nur für kleine und mittlere Öfen eingesetzt werden. Außerdem „altern" sie, d. h. der Widerstand nimmt mit der Gebrauchsdauer zu, so daß bei gleicher Spannung die Leistungsaufnahme sinkt. Soll also die Ofenleistung konstant bleiben, so muß über einen Regeltransformator die Spannung mit dem Alter der Stäbe laufend erhöht werden.

Die Heizwiderstände werden in Nischen oder tiefen Nuten, die in der Schamotteausmauerung dafür vorgesehen sind (Formsteine), verlegt, damit sie ihre Wärme frei ausstrahlen können. Sie werden waagerecht oder senkrecht je nach Ofengröße und -leistung auf 2 oder auf allen vier Seiten des Glühraumes, unter der Bodenplatte und wohl auch unter der Decke angeordnet. Bei runden Ofenkonstruktionen liegen sie in Kreisanordnung an der Innenwand. Die übrige Ausführung der Ausmauerung und des Ofenmantels ist die gleiche wie bei den anderen Typen. Leider zeigen auch die elektrisch beheizten Öfen die gleichen unangenehmen Eigenschaften hinsichtlich der Luftströmungen im Glühraum wie die gas- oder ölbeheizten Muffelöfen, so daß auch hier ein Angriff auf die Werkstückoberfläche nicht immer vermieden werden kann. Hinzu kommt das Fehlen einer guten Durchwirbelung der Ofenatmosphäre, wie sie bei den gas- oder ölbeheizten Öfen durch die Brenner erreicht wird. Dies gleicht man durch eine gesonderte Luftumwälzung aus, die unterhalb von 700 °C eigentlich immer angebracht ist, wenn eine gleichmäßige Temperaturverteilung erzielt werden soll. Unterhalb 300 °C genügt aber auch das nicht mehr, so daß hier nur noch Flüssigkeitsbäder infrage kommen.

**36. Die Einteilung der Öfen** ist, wenn man eine solche überhaupt vornehmen will, nach der Handhabung der Beschickung am zweckmäßigsten. Tab. 3 zeigt eine solche Einteilung, wie sie hier zu Grunde gelegt werden soll [12]. Wegen der Vielzahl der heute gebauten Ofentypen werden nur die wichtigsten Typen besprochen, wie sie in der stahlverarbeitenden Industrie überwiegend Verwendung finden. Weitere Hinweise und nähere Angaben über Ofenkonstruktionen, Be-

Tabelle 3. *Einteilung der Öfen* [12]

I. Periodischer Betrieb

| A. Ofen feststehend | | B. Ofen beweglich | |
|---|---|---|---|
| 1. Herd. bzw Auflage feststehend | 2. Herd bzw. Aufhängung beweglich | 1. Herd feststehend | 2. Herd beweglich |
| Herd- oder Kammeröfen, Tief-, Mulden- oder Truhenöfen | Herdwagenöfen Schachtöfen Topfglühöfen Elevatoröfen | Haubenöfen: Haube abhebbar Haube verfahrbar | Drehkammeröfen |

II. Kontinuierlicher Betrieb

| A. Ofen feststehend | | B. Ofen beweglich | |
|---|---|---|---|
| 1. Herd feststehend | 2. Herd beweglich | 1. Herd feststehend | 2. Herd beweglich |
| Stoßöfen Rollöfen Durchziehöfen | Plattenband-, Balkenherd-, Rollenherdöfen, Drehherdöfen Schüttelrutschöfen | Sonderbauart für lange Teile | Trommelöfen (innen beheizt) |

triebsweise und Verwendung findet der Leser in den im Schrifttum angegebenen Büchern [9, 12].

**37. Öfen für den periodischen Betrieb.** Das *Schmiedefeuer* hat heute in einer modernen Härterei fast nur noch historischen Wert. Infolge seines geringen Wirkungsgrades (4⋯8%) und der Unmöglichkeit einer genauen Temperaturbestimmung ist es nur noch gelegentlich in kleineren Härtereien und in Handwerks- und Lehrlingswerkstätten anzutreffen, wenn auch ein geübter Härter mit ihm oft verblüffende, gute Härteergebnisse erzielen kann. In die gleiche Kategorie gehören auch der einfache *Blau- oder Bunsenbrenner*, der nur zum Erwärmen kleiner Werkzeuge (Reißnadeln u. ä.) geeignet ist und der *Gasschweißbrenner*, der eine viel heißere Flamme (4000 °C) hat als der Bunsenbrenner (im Kern etwa 1550 °C). Der Gasschweißbrenner läßt sich daher mit gutem Erfolg zum behelfsmäßigen Härten größerer Teile verwenden, vor allem bei örtlicher Härtung, wie z. B. Zähne an Werkzeugen, Nockenflächen, Schneidkanten an Stanz- und Schneidwerkzeugen usw., sowie zum Auftragen von dünnen Schichten harter Legierungen auf solche

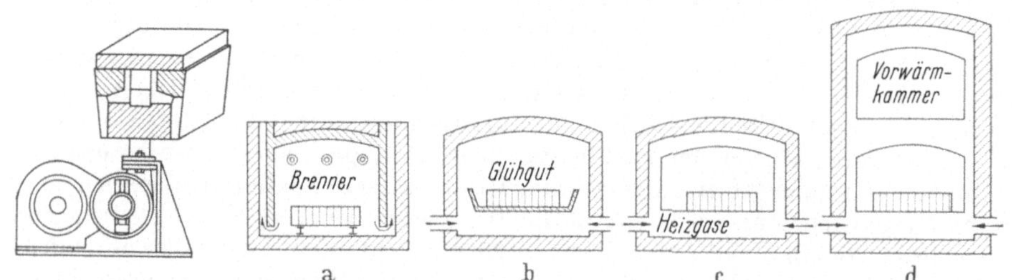


Bild 19. Tisch-Gasfeuer    Bild 20. Herd- oder Kammeröfen (im Prinzip). a Beheizung unmittelbar (Oberfeuerung);
(Bauart Aichelin).    b Halbmuffelofen; c Muffelofen; d Muffelofen mit oben liegender Vorwärmkammer.

Flächen und Schneidkanten, die stark auf Verschleiß beansprucht werden (*Auftragshärtung*). Er führt vor allem zu einer schnellen Erwärmung bei allerdings auch vergrößerter Gefahr der Verbrennung des Stahles. Eine Abart des Härtens mit dem normalen Gasschweißbrenner ist das Brennhärten [8].

Das *Tischgasfeuer* (Werkbankofen) stellt einen Übergang zu den Öfen mit einem geschlossenen Glühraum dar (Bild 19). Es eignet sich für eine schnelle Behandlung von kleineren Werkstücken wie Meißel, Werkstoffproben usw. Allzugroße Anforderungen an die Gleichmäßigkeit der Qualität können auch hier wegen der unsicheren Temperaturbestimmung nicht gestellt werden. Das Tischfeuer bleibt immer ein Behelf, das für eine normale Serienfertigung nicht geeignet ist. Der *Kammerofen* erfüllt bereits eine der zuvor aufgestellten Bedingungen nach der Wirtschaftlichkeit bei der Erwärmung sehr gut, da ein abgeschlossener Ofenraum die Wärmeabstrahlung in engen Grenzen hält. Die zweite Bedingung der Trennung der Heizgase wird allerdings nicht immer erfüllt, wie z. B. bei den Typen a und b in Bild 20. Wie diese Abbildung zeigt, können die Verbrennungsgase in unmittelbare Berührung mit den zu erwärmenden Werkstücken treten. Die Erwärmung wird dadurch leicht ungleichmäßig. Der Typ a wirkt dabei noch ungünstiger als der Typ b, weil bei b keine Flammen auf den Herd kommen. Beide Bauarten kommen daher nur für weniger empfindliche Stahlsorten und für massige Stücke in Frage. Überwiegend werden diese Öfen durch Gas- oder Ölbrenner beheizt oder auch elektrisch.

Ein weiterer Typ dieser Gruppe ist der *Muffelofen*, bei dem die Flammengase seitlich an der geschlossenen Muffel hochgeführt und oben abgezogen werden (Bild 20c). Gelegentlich werden diese Öfen auch mit Strahlrohren beheizt, die dann um die Muffel herum angeordnet werden (Bild 2). Um die Abgaswärme auszunutzen, rüstet man zuweilen den Herdofen mit einem zweiten, über dem Hauptherd liegenden Herd aus, in dem das Wärmgut vorgewärmt werden kann (Bild 20d). Die Beschickung erfolgt bei kleineren Herdöfen mit feststehendem Herd von Hand, bei größeren Öfen und schweren Stücken mit einem Kran oder mit besonderen Zangen.

Die Erwärmung in der Muffel ist günstiger als im Kammerofen, da bei ihr keine so hohen Temperaturspitzen auftreten. Örtliche Überhitzungen sind aber auch hier nicht zu vermeiden, wenn die Muffel einseitig, z. B. nur von unten, beheizt wird. In diesem Fall sollte man das Wärmgut nicht direkt auf den Muffelboden legen sondern auf feuerfesten Stützen lagern. Es besteht bei den Muffelöfen allerdings die Schwierigkeit, daß der Herd bei geforderten höheren Temperaturen (über 1100 °C) oft nicht heiß genug wird. Auch eine Reihe weiterer Nachteile machen ihren Einsatz nicht immer empfehlenswert: die Betriebskosten liegen meist höher, da die stoßempfindliche keramische Muffel hin und wieder ersetzt werden muß, der Brennstoffverbrauch ist infolge der schlechten Wärmeleitfähigkeit des keramischen Muffelmaterials größer und vor allem schützt die Muffel doch nicht ganz, wie man annehmen sollte, vor dem Verzundern der Oberfläche. Ein guter Schutz läßt sich aber, sofern die Muffel dicht genug ist, durch das Einleiten von Schutzgas (s. Abschn. 6) erreichen. Wichtig ist dabei, daß durch das Schutzgas immer ein Überdruck von mindestens mehreren mm WS gehalten wird. Soll eine absolut einwandfreie Ofenatmosphäre erreicht werden, so muß der Ofen sogar mehrere Stunden vor der ersten Beschickung unter Schutzgas gefahren werden, damit das poröse Mauerwerk der Muffel, das vorher die atmosphärische Luft gespeichert hatte, diese erst durch längeres Umwälzen des Schutzgases abgeben kann.

Alle vorgenannten Öfen finden aus den o. a. Gründen beim periodischen Betrieb — abgesehen von den kleinen Ofengrößen — nicht mehr allzu häufig Verwendung, wohl aber bei kontinuierlichem Betrieb als Durchlauföfen zum Erwärmen und als Anlaßöfen (meist mit Schutzgas). Die Durchlauföfen zum Erwärmen haben dabei oft eine Muffel aus Siliziumkarbidsteinen o. ä., während die Anlaßöfen manchmal auch mit einer Stahlmuffel aus hitzebeständigem Stahl ausgerüstet sind, die keine schädliche Luft speichern kann. Auch sind dabei die Schutzgasverluste kleiner. Die Muffel dient dabei weniger zur Abschirmung sondern mehr zur guten Luftführung.

Ein kleiner, aber vielseitig verwendbarer Ofen, ist der *Universalofen*. Zur Verwendung als Muffelofen besitzt er eine Arbeits- und eine Vorwärmmuffel. Durch eine Reihe weiterer Zubehörteile wie Glühplatte, Glühzylinder, und Sondertiegel aus Gußeisen (für Anlaßzwecke) und Flußstahl (für Salzschmelzen) kann dieser Ofen auch für die verschiedensten Wärmebehandlungsverfahren im Tiegel oder im offenen Feuer verwendet werden. Dazu wird die Arbeitsmuffel gegen eines der Zubehörteile ausgewechselt [9].

Zur Gruppe A2 (Tab. 3.) gehört der *Herdwagenofen*, der dann eingesetzt wird, wenn die Größe der Werkstücke ein Arbeiten mit einem gewöhnlichen Herdofen nicht mehr zuläßt. Dieser Ofen ist gut zugänglich durch den ausfahrbaren Herd und auch gut zu regulieren. Die Beheizung erfolgt meist durch Gasfeuerung oder elektrische Widerstandserwärmung. Unabhängig von Form und Größe können die Werkstücke so auf dem Herd verteilt werden, daß eine wirtschaftliche Ausnutzung des Herdraumes und eine gleichmäßige Erwärmung erreicht wird. Der Ofenherd selbst kann aber auch feststehend sein. Bei dieser Konstruktion erfolgt die Beschickung mittels Chargiermaschinen, was jedoch nur bis zu einer gewissen Größe und bei gleichartigen Stücken wirtschaftlich ist.

Der *Schachtofen* (Bild 21) wird entweder mit geringer lichter Weite und großer Tiefe (bis zu 32 m tief!) oder aber mit großer lichter Weite und geringer Tiefe gebaut. Die erste Ausführung dient hauptsächlich zum Vergüten von langen, schlanken Teilen wie Wellen, Rotoren, Räumnadeln u. ä., während die zweite Ausführung im wesentlichen für niedrige Teile wie Radreifen, Ringe u. ä. geformte Teile eingesetzt wird. Vorteilhaft bei dieser Bauart ist die tangentiale Anordnung einer großen Anzahl kleiner Brenner. Hierdurch wird eine spiralige Flammenführung erreicht, die in erster Linie die Ofenwand heizt und nicht direkt auf das Glühgut gerichtet ist. Die Teile hängen frei in den Ofen hinein, so daß sie sich nicht verbiegen oder verziehen können.

Eine ähnliche Bauart haben die *Topfglühöfen*, die häufig zum Blankglühen verwendet werden. Mit *Haubenöfen* werden vorwiegend Schmiede- und Stahlgußstücke, Ringe, aber auch Blechbunde und Stäbe geglüht oder vergütet. Demgemäß sind diese Öfen entweder rund oder eckig in ihrer Grundform (Bild 22). Das wesentliche Merkmal dieser Bauart ist, daß sich die Heizquellen im beweglichen Teil, nämlich in der Haube befinden (Gas- oder elektrische Widerstandsbeheizung), während das Glühgut fest auf der Grundplatte liegt. Die Gas- und Luftleitungen werden jeweils nach dem Aufsetzen der Haube angeschlossen. Soll

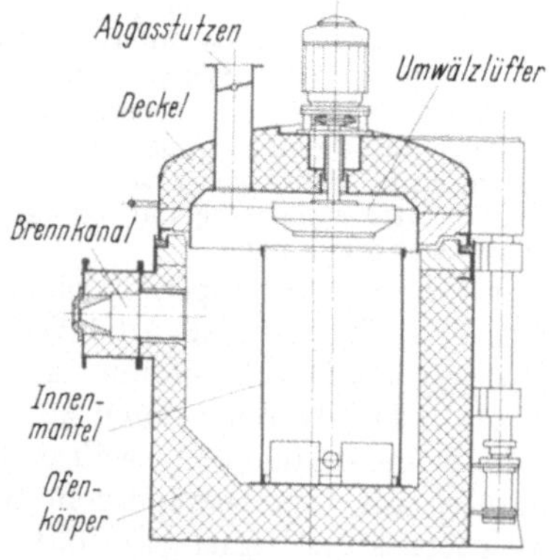


Bild 21. Öl oder gasgefeuerter Schachtofen mit Luftumwälzung (Bauart Dr. Schmitz & Apelt).

Bild 22. Elektrisch beheizter Haubenofen (Bauart DEGUSSA).

der Ofen mit einer Schutzgasatmosphäre betrieben werden, so wählt man gern die Strahlrohrheizung oder aber es ist innerhalb der Haube oft noch eine zweite sog. Schutzhaube untergebracht, die beim Wechsel der Charge eine Berührung des Gutes mit der Luft vermeidet. Zur langsamen Abkühlung kann nach Beendigung des Prozesses auch eine unbeheizte Haube über das Gut gestülpt werden.

**38. Öfen für den kontinuierlichen Betrieb.** Diese Öfen setzen ein möglichst gleichförmiges Glühgut voraus, das außerdem auch einer gleichmäßigen Temperaturbehandlung unterzogen werden muß. Diese Bedingungen sind praktisch nur bei einer Serien- oder Massenfertigung gegeben. Ist das der Fall, so kann allerdings mit den heutigen Einrichtungen eine gute Gleichmäßigkeit und Qualität des Erzeugnisses bei gleichzeitig niedrigen Behandlungskosten erzielt werden.

Die Schwierigkeiten, die bei diesen Durchlauföfen im wesentlichen auftreten, rühren daher, daß die Transportmittel, die das Glühgut durch den Ofen befördern, wie z. B. Ketten, Bänder, Seile, Rollen, Wagen, Roste usw. immer selbst durch den Ofen wandern und der Hitze und den Verbrennungsgasen ausgesetzt sind. Eine Ausnahme bilden die Konstruktionen, bei denen das Glühgut infolge seines Eigengewichtes oder durch Schüttelbewegungen des Herdes transportiert wird. Gutes Arbeiten des Ofens, eine ausreichende Betriebssicherheit und eine wirtschaftliche Lebensdauer hängen daher in erster Linie von der Konstruktion und dem Werkstoff der Transportmittel ab.

Die Konstruktion hat vor allem die große Ausdehnung und den durch die hohe Temperatur verringerten Verschleißwiderstand zu berücksichtigen. Der Werkstoff muß sich nach der Temperaturhöhe richten: bis 500 ° genügen Eisen und Stahl ohne besonderen Schutz, für höhere Temperaturen ist Wasserkühlung vorzusehen oder es sind hitzebeständige Baustoffe einzusetzen, wie z. B. feuerfeste Steine, mit Chrom oder Chrom–Nickel legierter Stahl oder Gußeisen. Der Antrieb — meist ein Elektromotor — liegt immer außen.

Der Durchlaufofen muß sich gut steuern und regeln lassen sowohl hinsichtlich der Wärmezufuhr bzw. Temperatur wie auch hinsichtlich der Geschwindigkeit oder des Rhythmus der Wärmgutbewegung. Zum Härten und Vergüten wird hinter einem solchen Ofen häufig ein Abschreckbehälter und gegebenenfalls ein Anlaßbad angeordnet, aus dem die Teile mit verhältmismäßig einfachen Einrichtungen wie endloses Band oder Ketten hinaus- und weiterbefördert werden können.

Der *Rollofen* ist eine sehr einfache Konstruktion (Abb. 23), die einen geneigten Herd besitzt und entweder mit Unterfeuerung oder mit Oberfeuerung oder auch mit beidem betrieben werden kann. Durch eine seitliche Öffnung wird das Glühgut, vorwiegend runde Teile wie Achsen, Wellen, Rohre u. ä., gezogen. Dabei rollen die restlichen Stücke abwärts.

Diese Öfen sind für Teile ungeeignet, die auf Grund ihrer Form nicht durchrollen können. Es werden dann, wie z. B. bei kantigen Werkstücken oder Blöcken *Durchstoßöfen* eingesetzt, wobei eine Durchstoß- oder Durchziehvorrichtung den Transport durch den Ofen vornimmt. Sol-

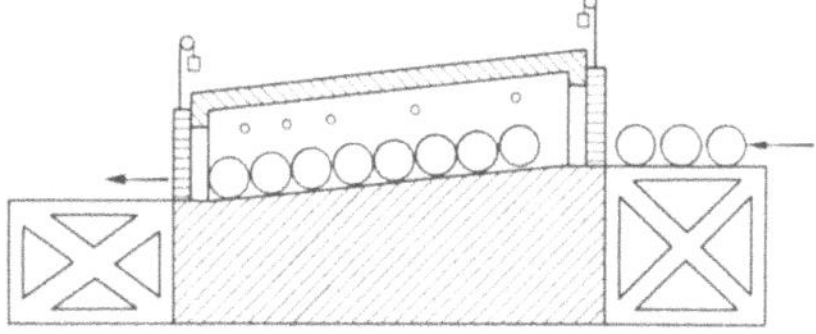

Bild 23. Rollofen für runde Teile (Schema).

che Vorrichtungen bestehen aus Stößeln oder Daumenketten, die nach Auflegen eines neuen Werkstückes jeweils die bereits im Ofen befindlichen Werkstücke um eine festgelegte Länge verschieben. Kleinteile wie Gesenkschmiedestücke, Schneidwerkzeuge u. a. werden auf hitzebeständige Roste gelegt oder in Körbe verpackt und dann jeweils um eine Teilung verschoben. Diese Roste oder Körbe werden durch eine Kette weiter gefördert, die zwischen den Gleitschienen oder Rollensträngen angeordnet ist. Auch bei dieser Ofenbauart wird mit einer Unter- und einer Oberfeuerung gearbeitet, wobei die erste hier noch wichtiger ist als bei den Rollöfen, denn bei diesen wechselt durch die Rollbewegung die Berührungsfläche der Werkstücke ständig, während sie beim Durchstoßofen ständig gleich bleibt. Die Brenner selbst befinden sich vorwiegend an der Ausstoßseite, während die Einstoßseite der Vorwärmung dient.

Eine vollautomatisch Anlage zum Gasaufkohlen und zur Blankwärmebehandlung zeigt Bild 24. Sie besteht aus einem Härteofen, einem verfahrbaren und da-

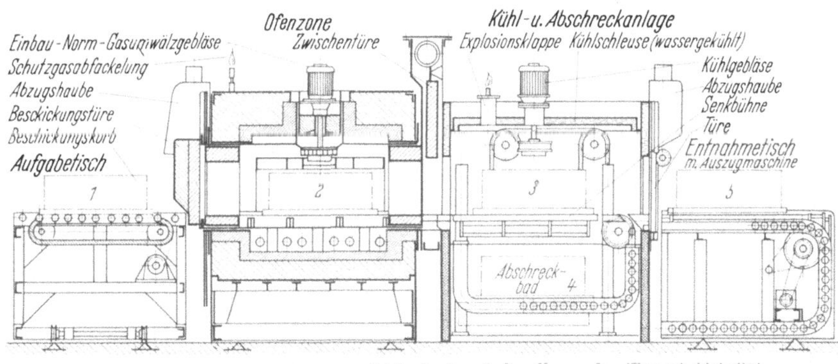


Bild 24. Kammer-Gasaufkohlungs- und Blankwärmebehandlungsofen (Bauart Aichelin).

mit auswechselbaren Doppelhärtebad, einer Waschanlage und dem abschließenden, umwälzbeheizten Anlaßofen. Der Härteofen kann dabei z. B. auch ein *Plattenbandofen* sein, wie er gern zur Erwärmung von Kleinteilen wie Kugellagerringe, Fahrradnaben usw. verwendet wird. Das Plattenband besteht dabei aus hitzebeständigen Blechen, Lamellen, Profilstahl o. ä. Unterlagen, die auf Rollen gela-

gert sind. Um den Antrieb vor der schädlichen Wärmeeinwirkung zu schützen,
werden nur die letzten Rollen, die bereits außerhalb des Ofens liegen, angetrieben.

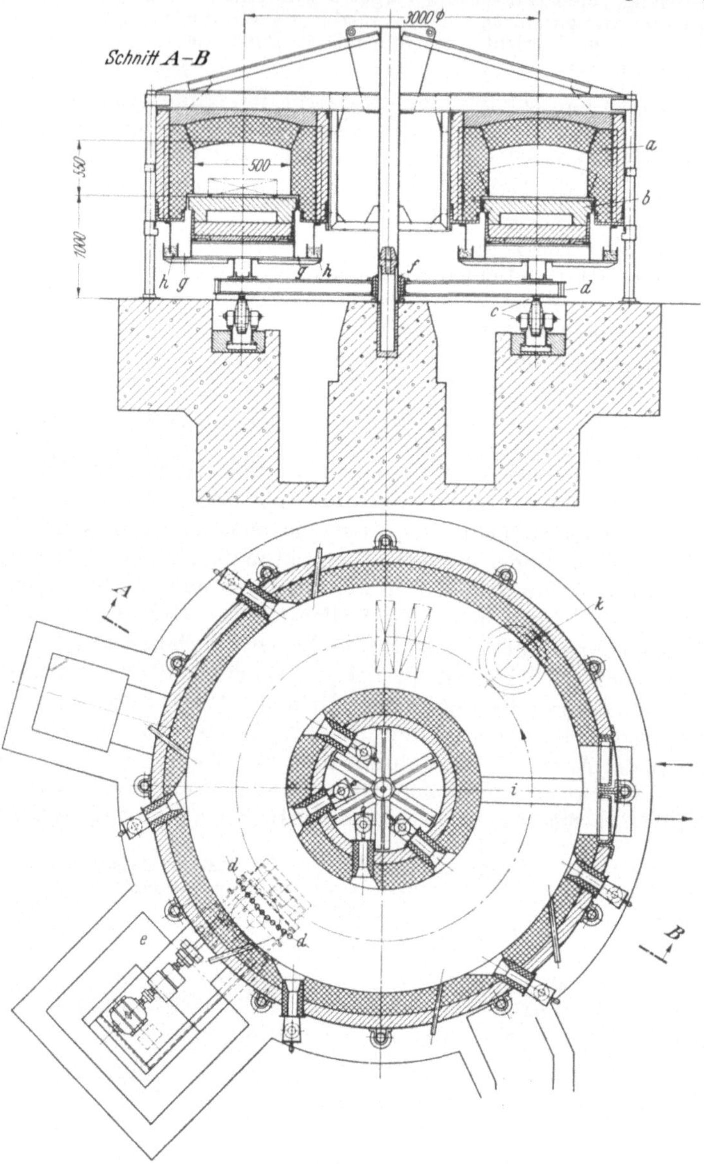


Bild 25. Drehherdofen (Bauart OFU).
a abhebbarer Oberofen; b Herdplatte; c Tragrollen; d Drehscheibe; e Antrieb; f Drehachsen; g Zunderrinne;
h Sandtasse; i Trennwand; k Abzug zum Luftvorwärmer

Während die vorgenannten Öfen ihre Hauptausdehnung in der Längsrichtung
haben, kann die gesamte Durchlaufstrecke auch ringförmig angeordnet werden,
was zum *Drehherdofen* führt, der vor allem hinsichtlich des Platzbedarfes Vorteile
bringen kann (Bild 25). Er besitzt ebenfalls eine bewegliche Herdfläche, auf der
das Gut festliegend durch den Ofen bewegt wird. Die beiden Türen für das Ein-

und Ausbringen liegen nebeneinander, so daß nur ein Mann die gesamte Bedienung vornehmen kann. Zwischen beiden Türen unterteilt eine Wand in dem ringförmigen Ofenraum die Vorwärmzone von der Zone der höchsten Temperatur. Die Herdplatte wird während des Betriebes mechanisch um die Drehachse des Ofens bewegt, während die Brenner (oder die elektrischen Heizelemente) so verteilt sind, daß die Temperatur im Ofen von der Einbringseite langsam ansteigt bis zu ihrem Höchstwert auf der Entnahmeseite. Der Ofen eignet sich gut zum Erwärmen von Kleinteilen wie Schrauben, Hülsen, u. ä. Aber auch größere Teile wie Radscheiben, Schneidwerkzeuge usw. können in diesem Ofen durchgesetzt werden. Beim Durchsatz von Kleinteilen besteht der Herd aus einer Reihe von Kippkübeln, die so aufgehängt sind, daß sie sich nach dem Durchlauf von selbst entleeren. Unvorteilhaft bei diesem Ofen sind die relativ hohen Tür- und Wandverluste. Eine andere Art der Glühgut-Beförderung haben die *Balkenherd- oder Schrittmacheröfen*. Ein Hubbalken hebt hierbei die Werkstücke durch eine Aufwärts-

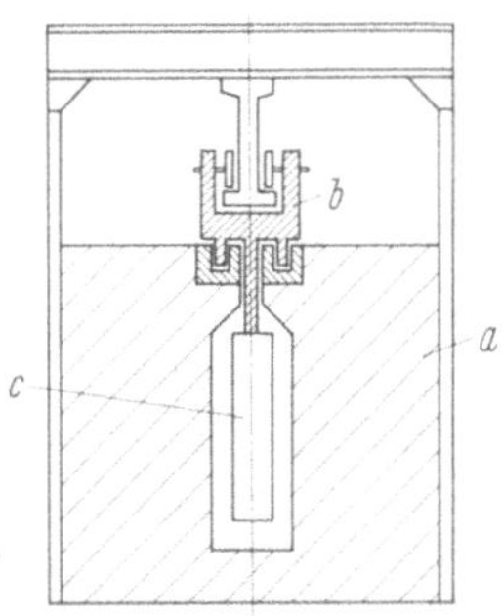

Bild 26. Schnitt durch einen Durchlaufofen mit Aufhängung (Bauart Blenzinger & Kast). *a* Ofenraum; *b* Deckel mit Labyrinthdichtung; *c* Werkstücke.

bewegung an und setzt sie nach einer bestimmten Längsbewegung abwärtsgehend wieder ab.

Will man die u. U. hohen Anschaffungs- und Unterhaltungskosten für die hitzebeständigen Unterlagen der Transporteinrichtung sparen, so kann man die Teile auch an ein Transportband hängen, das außerhalb des Ofens läuft und bei dem nur die Aufhängeeisen durch eine Öffnung in den Ofen hineinreichen (Bild 26). Eine andere, platzsparende Anordnung für die Behandlung von Kleinteilen ist der Transport in senkrechter Richtung, wobei die Öfen dann mit Kippkübeln ausgerüstet werden. Diese Bauart wird *Turmöfen* genannt.

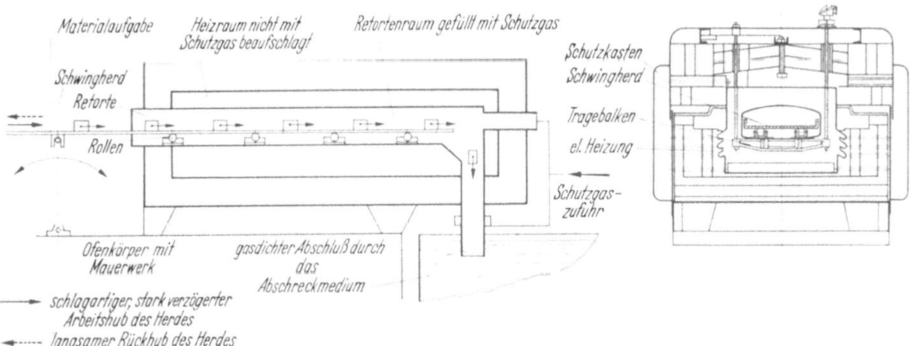


Bild 27. Elektrisch beheizter Schwingherd-Retortenofen (Bauart Aichelin).

Für die Wärmebehandlung von sehr kleinen, nicht empfindlichen Teilen wie Kugeln, Federringen, Kratzstiften, Schrauben usw. ist der *Trommelofen* gut geeignet. Eine Schnecke im Innern fördert die Teile, die durch eine Einfüllöffnung in die Trommel fallen, durch Drehen der Trommel nach der Ausbringseite, wo sie durch einen senkrechten Kanal gleich in ein Abschreckbad fallen können. Durch das ständige Hochrollen mit der Ofenwand und Zurückfallen auf den Boden kommen alle Teile in den Bereich der Flammenwirkung und werden gleichmäßig erwärmt [9].

Ein weiterer Ofen, der sich ebenfalls gut zum Härten und Glühen kleiner Teile eignet, ist der *Schüttelrutschofen* oder der *Schüttelplattenofen*. Hier erreicht man die Förderung des Gutes durch den Ofen mittels einer starken Beschleunigung der Platte, auf der sich das Gut befindet, und durch anschließendes plötzliches Abbremsen mittels Gummipuffer. Einen ähnlich aufgebauten Schwingherdretortenofen zeigt Bild 27.

## C. Schmelzbäder

**39. Allgemeines.** In diesen Bädern werden die Werkstücke durch Eintauchen in eine hocherhitzte Flüssigkeit (Salz oder Blei), die sich in einem Tiegel befindet, erwärmt. Die Tiegel werden von außen durch Gas- oder Ölbrenner oder auch durch elektrische Widerstandserwärmung beheizt.

*Die Vorzüge dieser Schmelzbäder* gegenüber den bisher behandelten Öfen sind:

1. Die Temperatur ist im Bad erheblich gleichmäßiger als im Glühraum.

2. Das Bad wärmt die Werkstücke sehr schnell durch, so daß kein Anlaß besteht, es heißer zu halten als das Werkstück werden soll. Es werden daher auch dünne Teile, vorspringende Stellen und Kanten der Werkstücke selten überhitzt.

3. Das Bad ist oben völlig frei und offen, so daß man bequem herankommt und leicht Werkstücke auch stellenweise durch Eintauchen nur des einen Endes erhitzen kann.

4. Dünne Teile haben keine Gelegenheit, sich zu verbiegen, da sie im Bad senkrecht hängen.

5. Entkohlen und Verzundern der Oberfläche ist durch Abschluß der Werkstücke von der Luft und den Verbrennungsgasen ausgeschlossen.

Ein Angriff der Salze auf die Oberfläche kann durch eine geeignete Mischung verschiedener Salzarten verhindert werden.

**40. Tiegel und Wannen.** Für Badtemperaturen bis etwa 950 °C verwendet man heute fast ausschließlich gegossene Tiegel aus Grauguß oder nahtlos gezogene

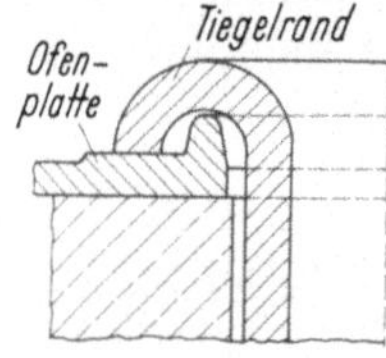

Bild 28. Rundrand an der Tiegeloberkante.

Tiegel aus Flußstahl, die zusätzlich zur Erhöhung der Lebensdauer noch mit einer zunderhemmenden Schutzschicht überzogen werden können. Auch zunderbeständiger Stahl kann hierzu verwendet werden. Bei besonders aggressiven Salzen müssen jedoch Tiegel oder Wannen aus plattiertem Stahl oder aus Sonderstählen (z. B. Chromnickelstähle o. ä.) verwendet werden. Für Salzbäder zur Schnellstahlhärtung mit sehr hohen Temperaturen von 1100···1350 °C versieht man die Behälter mit einer keramischen Ausmauerung aus Schamotte ($SiO_2$ unter 40%) oder Sillimanit. Da die vielen verschiedenen Salze, die heute für die zahlreichen Wärmebehandlungsverfahren auf dem Markt sind, auch die Tiegelwerkstoffe unterschiedlich angreifen, empfiehlt es sich, in jedem Falle vorher den Ofen- bzw. den Salzhersteller um Rat zu fragen. Ein *Rundrand* (Bild 28) an der Tiegeloberkante verhindert, daß evtl. überlaufendes Salz in den Verbrennungsraum gelangt und hier die Schamottesteine zerstört oder die Heizelemente beschädigt.

**41. Schmelzflüssigkeiten**, die zum Erwärmen der Werkstücke verwendet werden, sollen folgenden Anforderungen gerecht werden:

1. Sie müssen wirtschaftlich sein;

2. Sie dürfen die Werkstückoberfläche nicht durch Verzundern, Entkohlen, übermäßiges Aufsticken u. ä. Reaktionen beeinflussen;

3. Sie sollen bei Betriebstemperatur nicht stark verdampfen und auch sonst unschädlich für den Härter sein;

4. Sie sollen nicht so stark am Werkstück haften, daß die Abkühlung erschwert oder ungleichmäßig wird und die Verluste durch Verschleppen zu hoch werden.

Alle diese Forderungen sind zusammen schwer von einer einzigen Salzsorte zu verwirklichen. Aber durch geeignete Zusammensetzung zweier oder mehrerer Sorten und durch gebotene Umsicht im Betrieb kann man sich ihnen weitgehend nähern.

Von den eingangs erwähnten beiden Schmelzflüssigkeiten wird *Blei*, das bei 327 °C schmilzt und eine gute Wärmeleitfähigkeit besitzt, wegen verschiedener Nachteile heute nur noch in Sonderfällen verwendet (z. B. bei der Feilenherstellung oder für Teile, die nur teilweise mit scharfer Abgrenzung gehärtet werden). Bei höheren Temperaturen über 900 °C (Siedepunkt 1750 °C) verdampft es stark (Bleidämpfe sind gesundheitsschädlich!). Infolge seines hohen spezifischen Gewichtes schwimmen die meisten Werkstücke (nicht kleine Teile mit verhältnismäßig großer Oberfläche) oben auf und müssen deshalb getaucht und in dieser Lage festgehalten werden. Kleine Klümpchen setzen sich leicht am Glühgut fest. Die Badoberfläche verschmutzt ständig durch die Bildung von Bleioxyd infolge der Berührung mit der Luft. Letzteres kann allerdings durch Abdecken der Badoberfläche mit Holzkohle oder einer niedrig schmelzenden Salzmischung vermieden werden. Unter 325 °C bis herunter zu 240 °C können auch *Zinn-* oder *Blei–Zinn-Bäder* verwendet werden.

Die gebräuchlichsten Schmelzflüssigkeiten sind *Salze*, von denen heute eine Vielzahl verschiedener Sorten auf dem Markt ist. Die Erzeugnisse der einzelnen Hersteller[1] ähneln sich auf den verschiedenen Anwendungsgebieten, so daß es sich an dieser Stelle erübrigt, auf alle vorkommenden Sorten einzugehen. Es soll deshalb, ohne damit eine Wertung vornehmen zu wollen, ein Erzeugnisprogramm herausgegriffen werden (Tab. 2 u. 4). Die heute verwendbaren Rohstoffe gestatten es nicht, ein einziges Salz herzustellen, daß den gesamten Temperaturbereich von 200···1350 °C überdeckt. Bedingt durch den engen Bereich zwischen Schmelz- und Siedepunkt (bzw. Zersetzungstemperatur) sind eine ganze Reihe von Salzen für die verschiedenen Arbeitstemperaturen erforderlich. Außerdem ist bei der Salzauswahl zu berücksichtigen, daß evtl. eine Reaktion mit der Werkstückoberfläche auftreten kann, oder daß eine blanke Oberfläche stark aufgerauht wird. Die Tab. 4 (S. 44) gibt einen Überblick über die Salze, die zur Erwärmung des Glühgutes in Frage kommen, während Tab. 2 (S. 23) die Kohlungssalze enthält. Dabei ist zu bedenken, daß sich die Anwendungsbereiche der verschiedenen Salze häufig überschneiden. So kann z. B. ein aufkohlendes Salz auch in Verbindung mit einem Glühsalz zur Glühbehandlung verwendet werden, vorausgesetzt, daß die geringe, damit verbundene Aufkohlung nicht stört. Überhaupt ist es häufig wirtschaftlicher, die erforderlichen Bäder aus 2 oder sogar 3 Salzen zusammenzustellen, um sie so den vorliegenden Bedingungen und Anforderungen besser anzupassen. Man spricht dann von sog. Zwei- oder Dreisalzbädern, die auch schon deshalb wirtschaftlicher sind, weil man häufig nur eine verbrauchte Komponente nachzufüllen hat.

Die Glühsalze sind, wie die Tab. 4 (S. 44) zeigt, entsprechend ihren chemischen Eigenschaften bzw. ihrer Einwirkung auf die Stähle unterteilt in:

   a) *nichtinerte Bäder*; die den C- bzw. N-Gehalt eines Stahles verändern können, während
   b) *inerte Bäder* den Gehalt an C und N eines Stahles nicht verändern. Dies wird durch den Zusatz sog. Inertoren erreicht, die entweder erdalkalihaltig sind oder durch den Zusatz von Magnesiumfluorid diese Eigenschaft aufweisen.

Fast alle Salze überziehen die Werkstücke mit einer dünnen Kruste. Sie verhindert, daß auf dem Weg vom Salzbad zum Abkühlbehälter die Luft auf die Werkstückoberfläche einwirkt. Da diese Kruste andererseits beim Abschrecken in Wasser, Öl oder dergl. abspringt, behindert sie nicht die Härtung. Allerdings ist die Löslichkeit der einzelnen Salze in den verschiedenen Reinigungsmitteln (z. B. Wasser) unterschiedlich. Das und die Reaktion der Salze mit den Abkühl-

---

[1] DEGUSSA, Abteilung Durferrit, Frankfurt/Main; Deutsche Houghton KG, Hildesheim u. a.

## Tabelle 4. *Glüh- u. Anlaßsalze*[1]

| | | Salz | Schmelz-punkt [°C] | Arbeits-temperatur [°C] | Verwendungszweck | Bemerkung |
|---|---|---|---|---|---|---|
| Nichtinerte Bäder | alkalisch | GS 230[2] | ~230 | 270···600 | Als Warmbad über ca. 300 °C<br>Zum Anlassen und Glühen von Stählen zwischen 270 u. 600 °C | Ungiftig, aber stark ätzend |
| | | GS 560[2] | ~560 | 600···800 | Allein verwendbar nur zum Glühen von Silber, Doublé, Messing.<br>In Verbindung mit anderen Salzen als Glühbad bei besonders niedrigen Temperaturen oder für Stähle, die bevorzugt in Öl abgeschreckt werden | Ungiftig |
| | chloridisch | GS 430[2] | ~430 | 500···700 | Anlassen u. Glühen bei 500···700 °C. Abschrecken von Stählen, die nicht im Warmbad aus AS abgeschreckt werden können | Schwach giftig<br>Dämpfe absaugen |
| | | GS 540[2]<br>GS 750[2]<br>GS 960[2] | ~540<br>~750<br>~960 | 600···900<br>850···1100<br>1050···1250 | } Erwärmen und Glühen sämtlicher Stahllegierungen in den angegebenen Temperaturgrenzen, wenn die eintretende Abkohlung in Kauf genommen werden kann | Schwach giftig<br>Dämpfe absaugen |
| | | GS 660[2] | ~660 | 700···900 | Erwärmen von Stahl bei der Zwischenstufenvergütung und Warmbad-härtung — auch hier geringe Abkohlung | ungiftig<br>Dämpfe absaugen |
| | cyanid-haltig | GS 560/C3[2]<br>GS 660/C3[2] | ~560<br>~580 | 600···950<br>600···950 | } Wärmebehandlung aller Stähle zwischen 600 und 950 °C<br>Auch für Warmbadhärtung | Cyanidhaltig!<br>Dämpfe absaugen |
| | | GS 540/C3[2] | ~540 | 700···950 | Wärmebehandlung aller Stähle, insbesondere solche Werkstücke, die gegen Abkohlung sehr empfindlich sind, z. B. Feilen | Cyanidhaltig<br>Dämpfe absaugen |
| Inerte Bäder | | GS 430/R2[2] | ~430 | 500···850 | Wärmebehandlung von Stahl im angegebenen Temp.-Bereich | Schwach giftig<br>Dämpfe absaugen |
| | | GS 540/R2[2]<br>GS 750/R2[2] | ~540<br>~750 | 600···900<br>850···1100 | } Vorwärmen von Schnellarbeitsstahl bis 1100 °C und Erwärmen von hochlegierten Chrom- und Warmarbeitsstählen | Schwach giftig<br>Dämpfe absaugen |
| | | Carboneutral | | 1000···1300 | Erwärmen von Schnellarbeitsstahl bei nicht zu hohen Anforderungen an die Abkohlungssicherheit | Dämpfe absaugen |
| | | Semperneutral 950<br>Semperneutr. 1100 | ~950<br>~1100 | 1000···1300<br>1100···1300 | } Erwärmen von Schnellarbeitsstahl, absolut abkohlungsfrei | Dämpfe absaugen |
| Anlaß-salze | Salpeter-haltig | AS 140[3]<br>AS 220[3]<br>AS 300[3] | ~140<br>~220<br>~300 | 160···550<br>160···550<br>340···550 | Für die Warmbadhärtung und zum Anlassen auf 160···550 °C<br>Zum Anlassen und Bläuen<br>Zum Anlassen bis 550 °C | Nicht mit cyanidhaltigen Salzen zusammenbringen Explosionsgefahr! |

[1] Diese Bäder sind dem Erzeugnisprogramm der Fa. DEGUSSA etnnommen. Andere Firmen, u. a. die Houghton-Chemie, Hildesheim, liefern ein ähnliches Programm.
[2] GS = Glühsalz } die Zahlen geben den abgerundeten Schmelzpunkt des Salzes an.
[3] AS = Anlaßsalz

flüssigkeiten (z. B. mit Öl oder den Salzen der Warmbäder, falls solche verwendet werden) und der Luft sind bei der Auswahl der Salze zu berücksichtigen. Die Reaktion der glühenden Salze mit dem Luftsauerstoff läßt u. U. sonst nicht-aggressive Salze die Werkstückoberfläche angreifen. Ähnliche Überlegungen gelten für den Einsatz von Vorwärm-Salzbädern, da einige der dafür verwendeten Salze mit den Härtesalzen reagieren können. Ist dies der Fall, so muß eine Verschleppung in das Härtebad vermieden werden, zumal die Siedetemperaturen der Vorwärmsalze unter den Härtetemperaturen liegen. Es kommt dann zu einer starken Belästigung durch Dampfbildung. Einige der Salze mit niedrigen Schmelzpunkten, z. B. die Salpetersalze, neigen bei zu hohen Temperaturen außerdem zu explosionsartigem Zerfall.

**42. Badarten.** Die Schmelzbäder werden heute fast nur noch wahlweise mit Gas, Öl oder auch elektrisch beheizt. Folgende Ofentypen stehen für die verschiedenen Temperaturbereiche zur Verfügung:

**a)** Vorwärmöfen zum Trocknen und Vorwärmen des Härtegutes vor der nachfolgenden Behandlung im Salzbadofen. Sie werden ausgeführt als Vorwärm-

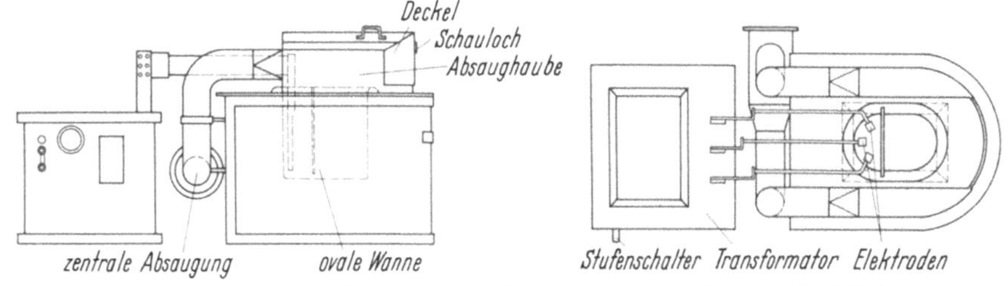


Bild 29. Elektroden-Salzbad-Wannenofen, Nenntemperatur 950 °C (Bauart DEGUSSA).

kammern, wobei die Erwärmung entweder durch Abgase anderer Ofeneinheiten (vgl. Bild 32) erfolgt oder durch elektrische Beheizung mit oder ohne Luftumwälzung bis zu Temperaturen von ca. 750° bzw. 500 °C. Die Luftumwälzung wird durch ein Lüfterrad erreicht, das im Glühraum eine starke Luftbewegung erzeugt (s. auch Abschn. 49).

Umluftöfen werden meist nur für Temperaturen bis 750 °C gebaut, da über diese Temperaturen hinaus die Vorteile der Luftumwälzung immer mehr zurücktreten. Außerdem sind hinsichtlich der mechanischen Beanspruchung der Lüfter bei diesen Temperaturen Grenzen gezogen. Während die Einbauten im Ofen bis zu 450 °C noch aus normalen Stählen gefertigt werden können, sind darüber hinaus schon hitzebeständige Sonderstähle zu verwenden, was erhebliche Preisunterschiede bei den Öfen je nach Temperaturbereich ergibt.

**b)** Salzbadöfen für Temperaturen zwischen 600 und 950 °C werden wahlweise mit runden Tiegeln oder rechteckigen Stahlwannen ausgeführt. Sie dienen zum Betrieb von Kohlungs- und Glühbädern und sind daher geeignet zum Erwärmen von Werkzeug-, Vergütungs- und bereits aufgekohltem Einsatzstahl, sowie zum Aufkohlen von Einsatzstahl und zum Glühen aller Stähle in den vorgenannten Temperaturgrenzen. Eine Abbildung eines Elektroden-Salzbad-Wannenofens zeigt Bild 29, auf dem zu erkennen ist, daß die Stromzuführung zum Bad mit Hilfe von Eintauch-Elektroden erfolgt, so daß das Bad selbst als Heizwiderstand dient. Der Ofen besteht aus einem stark isolierten und ausgemauerten Stahlblechgehäuse mit eingehängter Flußstahlwanne. Oberhalb 1000 °C besitzen die Tiegel und Wannen eine so geringe Lebensdauer, daß sie bei diesen Temperaturen nicht mehr eingesetzt werden können. Die Ableitung der Salzdämpfe erfolgt oberhalb der Wanne durch Leitblechhauben, die an eine zentrale Absaugung oder an besondere Luftsauger angeschlossen werden können.

Im Aufbau gleich — nur mit einer Zusatzeinrichtung zum Durchleiten von Luft (oder anderen Gasen) durch das Bad ausgerüstet — sind die *TENIFER-Salzbäder*. Diese Öfen lassen sich — wie selbstverständlich auch die übrigen Salzbäder — gut zu einer Durchlaufeinheit zusammenfassen. Bild 30 zeigt im Schema eine solche automatisch arbeitende TENIFER-Behandlungsanlage.

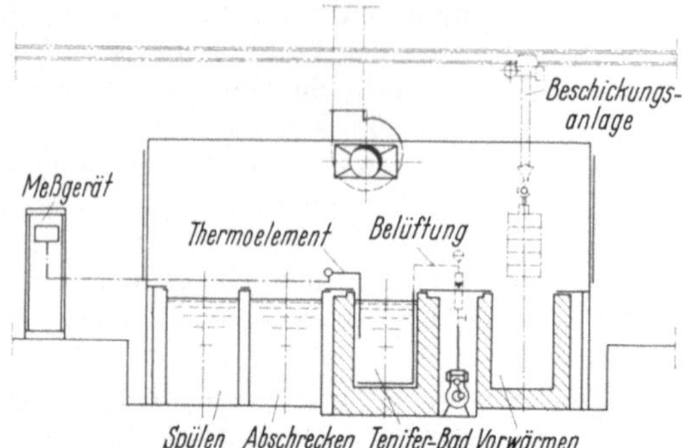


Bild 30.
Schema einer automatisch arbeitenden TENIFER-Anlage.

**c)** Als Salzbadöfen für Temperaturen bis 1350 °C kommen praktisch nur elektrisch beheizte Öfen in Frage. Sie können zum Erwärmen aller Stähle, besonders aber der Schnell- und Warmarbeitsstähle auf Härtetemperatur eingesetzt werden. Diese Öfen bestehen aus einem kräftigen Stahlblechgehäuse mit einem tiegelförmig ausgemauerten Behälter aus hochwertiger Stampfmasse. Die Beheizung erfolgt durch Tauchelektroden aus Stahl wobei sich das Salz, das einen elektrischen Halbleiter darstellt, bei Stromdurchgang erwärmt und verflüssigt. Da das Salz den Strom im festen Zustand kaum, im flüssigen Zustand besser leitet, wird durch Hilfselektroden mittels eines Lichtbogens und eingebrachter Elektrodenkohle zunächst eine kleine Menge festes Salz eingeschmolzen,

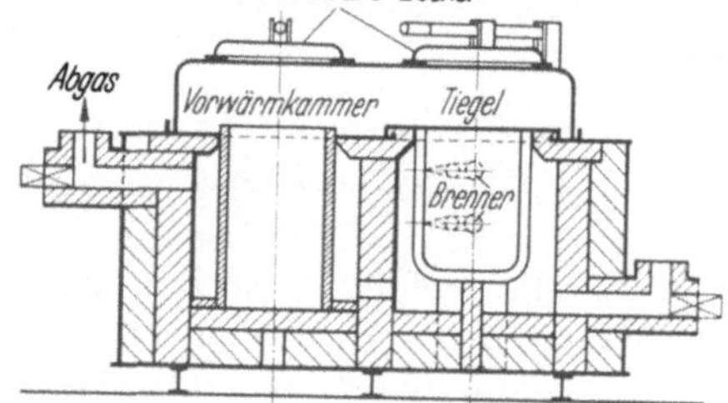


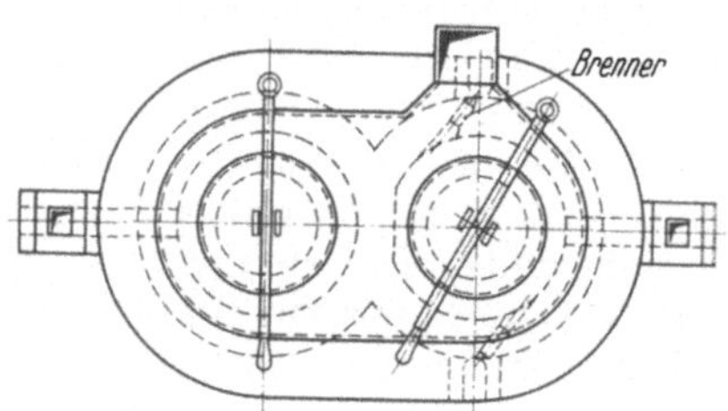


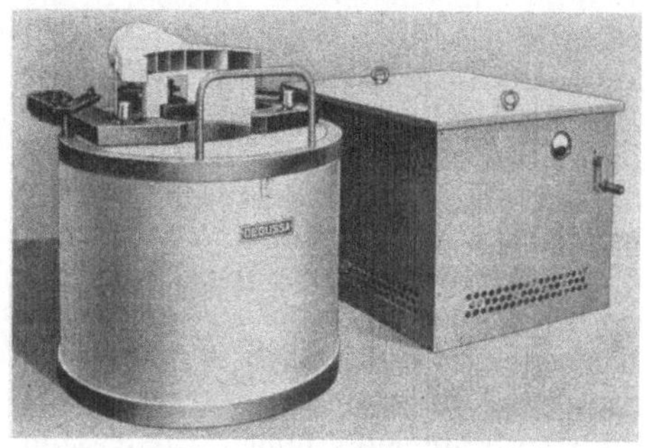

Bild 31. Schnellstahl-Elektrodenofen,
Nenntemperatur 1350 °C (Bauart DEGUSSA).

Bild 32. Salzbad mit Stahltiegel, mit Vorwärmkammer,
brennerbeheizt (Bauart Schilde, Hersfeld).

das dann die Stromleitung für die Erschmelzung des übrigen Salzes übernimmt. Solche Bäder benötigen zu ihrem Betrieb einen Regeltransformator, der die Anlagekosten erheblich heraufsetzt (Bild 31).

**d)** Verbundöfen. Gemäß den Ausführungen in Abschn. 40 können bei Salzbädern die Tiegelöfen mit einer Vorwärmeinheit kombiniert werden, die von den Abgasen des Tiegelofens aufgeheizt wird (Bild 32). Der Abgasofen ist ca. 300···400 °C „kälter" als der Hauptofen, deshalb lohnt sich eine solche Vereinigung nur, wenn der Hauptofen mindestens über 800 °C betrieben wird. Falls der

Abgasstrom durch Umwälzventilatoren gefördert werden muß, liegt die obere Grenze für die Abgastemperatur bei etwa 750 °C aus den bereits erwähnten Gründen.

**43. Dunstabsaugung.** Während Öfen für feste Brennstoffe an einen Schornstein angeschlossen werden müssen, ist das für Gas- und Ölöfen nur bei großen, ortsfesten Anlagen üblich und nur zum Fortleiten der Abgase erforderlich. Für Glühöfen genügen schon einfache Dunsthauben, die an eine gemeinsame Absaugleitung angeschlossen sind. Für Blei- und Salzbäder sind dagegen völlig umschließende Mäntel mit einer Arbeitsöffnung erforderlich (Bild 29 und 31), weil die Bäder verdampfen und giftig sind. Bei Salzbadöfen beginnt eine merkliche und gesundheitsschädliche Verdampfung im allgemeinen bei ca. 600 °C. Auch Abkühlbäder aus Talg und Öl brauchen derartige Schutzvorrichtungen, wenn die Luft in der Härterei sauber bleiben soll. Eine ungenügende Absaugung ist leicht durch den Salzgeschmack auf den Lippen festzustellen.

**44. Badkontrolle und Badpflege.** Da die Salzbäder im Gebrauch einen gewissen Verbrauch und eine Zersetzung der Salze zeigen, müssen sie von Zeit zu Zeit (je nach Inanspruchnahme täglich bis wöchentlich) auf ihre Wirkung und Ihre Zusammensetzung hin kontrolliert werden. Daß aufkohlende Bäder mit der Folienmethode überprüft werden können, ist bereits in Abschn. 21 dargelegt worden. Aber auch Glühbäder können in Bezug auf ihre abkohlende Wirkung mit der gleichen Methode überwacht werden, nur daß man statt einer Folie mit 0,1% Kohlenstoff eine Folie mit 1% Kohlenstoff verwendet. Normalerweise genügt es dann, diese Folie nach der Entnahme aus dem Bad kalt über den Finger zu biegen. Bricht sie dabei ohne Verformung, so ist das Bad noch in Ordnung; anderenfalls muß frisches Salz nachgefüllt werden. (Eine Abnahme des Kohlenstoffgehaltes der Folie um 0,3···0,4% ist normalerweise noch zulässig.) Für Sonderfälle, z. B. Wärmebehandlung hochlegierter Chromstähle, von Schnellstahlwerkzeugen u. a. muß die Abkohlung genauer durch Verbrennen der Folie im *Mars-Apparat* [20] festgestellt werden.

Die in Tab. 2 (S. 23) und 4 (S. 44) erwähnten Kohlungs- und Härtebäder müssen ferner auf ihren C3-Gehalt (andere Firmenerzeugnisse haben andere Bezeichnungen und andere Probenmethoden!) regelmäßig untersucht werden. Hierzu entnimmt man dem Bad eine Salzprobe, läßt sie erstarren und zerkleinert und analysiert sie chemisch durch Titrierung. Die Salzhersteller geben auf Anfrage gern Auskunft über die zweckmäßigsten Untersuchungsmethoden und die dazu zu verwendenden Chemikalien und liefern bei Bedarf auch die dazu notwendigen Geräte. Die titrierte Lösung und der Salzrest müssen vor dem Wegschütten entgiftet werden! Sollen die Meßergebnisse nicht verfälscht werden, so müssen die Untersuchungsgeräte stets sauber gehalten werden.

Ebenso wichtig wie die Kontrolle der Bäder ist ihre Pflege. Die Salzbäder sollen möglichst ständig genutzt werden, denn bei „Leerlauf" zersetzt sich das Salz unnötig. Bei geringer Auslastung ist es besser, den Ofen nur einige Tage in der Woche zu betreiben als ihn dauernd mit zu geringem Durchsatz zu fahren. Nur so erreicht man die größte Wirtschaftlichkeit und den geringsten spezifischen Energieverbrauch. Zum Nachfüllen dürfen nur vollkommen trockene Salze verwendet werden (trocken lagern!). Auch das Mischen von Salzen verschiedener Hersteller und das Beimischen von Salzen ungeeigneter Zusammensetzung (Vorschriften der Herstellerfirmen beachten!) sollte ohne Erfahrung unterlassen werden, da es zu unliebsamen Überraschungen und verminderter Ausnutzung bzw. Fehlern bei der Wärmebehandlung führen kann. Geraten Schamotte, Lehm o. a. keramische Materialien in ein cyanhaltiges Bad, so kann dieses nicht nur

verdorben werden, sondern es kann sogar zu heftigen Reaktionen mit diesen
Stoffen kommen, die das Bad überschäumen lassen. Ebenso nachteilig sind
metallische Verunreinigungen — vor allem durch Blei und Kupfer (bleihaltige
Glühbäder kohlen ab, kupferhaltige Kohlungsbäder kohlen nicht mehr auf). In
die Bäder verschleppter Zunder wird in den cyanhaltigen Bädern zu Eisenschlamm
reduziert, der beschleunigend auf die Cyanidzersetzung wirkt, wobei das Bad
schäumt und siedet. Diese Cyanidzersetzung und die gleichzeitige Gasbildung
treten auch noch bei tiefen Temperaturen auf, bei denen das Bad bereits erstarrt.
Sie können dazu führen, daß das Salz beim Erkalten aus dem Tiegel geschleudert
wird! Ganz läßt sich das Einbringen von Zunder und fein verteiltem Eisen nicht
verhindern. Deswegen und um die Wärmeübertragung nicht zu verschlechtern, ist
ein tägliches Entschlammen der Bäder mittels einer Schöpfkelle unbedingt geboten. Manche größere Bäder besitzen dazu eine eingebaute Pumpe.

Auch die Öfen selbst bedürfen der Pflege. So sollen die Tiegel wöchentlich
herausgenommen und vom Zunder befreit, der Verbrennungsraum auf schadhafte
Ausmauerung, offene Fugen und eingedrungenen Zunder kontrolliert, die Brenner
gereinigt und in ihrer Einstellung überprüft und die Meßinstrumente hinsichtlich
ihrer Funktionsfähigkeit überwacht werden.

## D. Einrichtungen zum Abkühlen

Zum Vorteil der gleichmäßigen Qualität der Härtereierzeugnisse hat sich heute
bereits allgemein die Erkenntnis durchgesetzt, daß die Abkühlung der Werkstücke
genau so sorgsam durchzuführen ist wie ihre Erwärmung. Rasch abgekühlt, d. h.
abgeschreckt wird meist in kalten Flüssigkeiten, manchmal auch an kalten
Körpern. Langsamer kühlt man in mäßig warmen Flüssigkeiten oder in bewegter
Luft ab.

**45. Abschreckflüssigkeiten** härten verschieden stark, je nach ihren physikalischen Eigenschaften. Ihre Abschreckwirkung ist um so stärker, je schneller
die Flüssigkeit die Wärme vom Werkstück (Wärmeleitung) abführt, je mehr
Wärme sie für eine Temperaturerhöhung von 1 °C aufnehmen kann (spezifische
Wärme), je mehr Wärme sie zum Verdampfen nötig hat (Verdampfungswärme) und je dünnflüssiger sie ist (Zähigkeit oder Viskosität). Eine einheitliche Bestimmung des Abschreckvermögens der verschiedenen Abschreckmittel ist noch nicht entwickelt. Eine recht genaue Methode ist die Silberkugelmethode nach A. ROSE und N. ENGEL, bei der eine 10 mm dicke Silberkugel

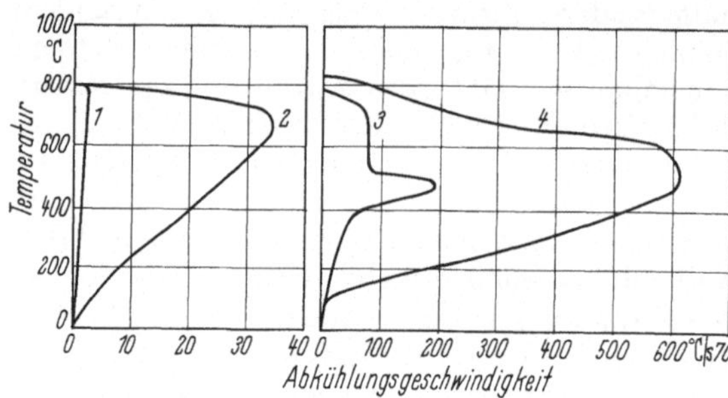


Bild 33. Abschreckkurven von Luft, Wasser, Öl.
1 ruhende Luft; 2 Preßluft; 3 Mineralöl, 4 Wasser.

in das Abschreckmittel getaucht wird und dabei deren Abkühlungskurve aufgenommen wird [12]. Bild 33 zeigt solche Kurven für Luft, Wasser und Öl. Dabei
ist zu beachten, daß nicht allein das Maximum der Abkühlgeschwindigkeit maßgebend ist, sondern wesentlich ist auch, bei welcher Temperatur das Abschreckvermögen klein oder groß ist. Bei höheren Temperaturen ist die Abschreckwirkung
von Flüssigkeiten zunächst gering als Folge der Dampfhaut, die sich an der Werkstückoberfläche bildet und die weitere Abkühlung verhindert (Leydenfrostsches
Phänomen). Diese Dampfhaut wird erst bei mittleren Temperaturen zerstört, wo-

durch der Wärmeentzug in diesem Bereich stark ansteigt. Nach völliger Auflösung der Dampfhaut in der dritten Phase wird die Wärme dann allein durch Berührung abgeleitet. Unter Berücksichtigung des Werkstückdurchmessers ist dasjenige Abschreckmittel das beste, das die meiste Wärme bei möglichst hoher Temperatur entzieht (Perlitumwandlung) und das bei niedrigen Temperaturen (Martensitbildung) möglichst langsam abkühlt.

Aber auch chemische Wirkungen der Flüssigkeit können eine Rolle spielen: die Flüssigkeit kann einen Niederschlag absetzen, der die Wärmeabfuhr hemmt, oder sie kann solchen Niederschlag, wenn er vorhanden ist, auflösen. Sie kann ferner die Werkstückoberfläche „angreifen", z. B. entkohlen oder verzundern, sie kann ihr aber auch Kohlenstoff oder Stickstoff (bzw. beides) zuführen, was zur Härtesteigerung führt.

Drei Hauptgruppen von Flüssigkeiten werden zum Abschrecken benutzt: Wasser und wäßrige Lösungen, Öle, geschmolzene Salze und Metalle. Die erste Gruppe wirkt am stärksten, die letzte am schwächsten, wobei es aber in jeder Gruppe große Unterschiede in der Abschreckwirkung gibt.

**a) Wasser.** Gewöhnliches Wasser enthält stets größere oder kleinere Mengen von Salzen, besonders Kalksalze, von denen die „Härte" des Wassers herrührt. Diese Salze stören die Härtung dadurch, daß sie einen feinen Niederschlag (von Kalziumkarbonat) auf der Oberfläche der glühenden Werkstücke bilden. Daher härten weiches Wasser, wie Regen- und Kondenswasser und altes gebrauchtes Wasser, die alle wenig von diesen Salzen enthalten, besser als frisches Leitungswasser. Jedes Wasser kann aber die Härtung noch dadurch beeinträchtigen, daß es unmittelbar am glühenden Werkstück zersetzt wird und der frei werdende Sauerstoff die Werkstückoberfläche oxydiert.

Durch Zusatz von Kalk, Seife, Alaun, Glyzerin od. dgl. wird die Abschreckwirkung des Wassers herabgesetzt, weil alle diese Zusätze die obenerwähnten physikalischen Eigenschaften des Wassers vermindern und manche auch noch einen feinen Niederschlag absetzen. Sehr gemildert wird die Wirkung des Wassers auch durch eine Ölschicht, die man auf das Wasser gibt und die das Werkstück mit einer Haut überzieht.

Es gibt auch Zusätze, die die Abschreckwirkung des Wassers erhöhen und von denen auch häufig Gebrauch gemacht wird: Kochsalz, Steinsalz, Natronlauge oder Säuren (Schwefelsäure, Ameisensäure usw.). Da auch diese Zusätze sämtlich die Wärmeleitung, spezifische Wärme usw. des Wassers *herabsetzen*, kann ihre Wirkung nur darin bestehen, daß sie einen Niederschlag oder eine Oxydschicht der Werkstückoberfläche auflösen.

Stark angesäuertes Wasser hat den Nachteil, daß die Werkstücke hinterher rosten, wenn sie nicht durch Abspülen in heißem Sodawasser o. ä. neutralisiert werden. Eine starke Kochsalzlösung mit Zusatz von Schwefelsäure oder auch ein geringer Cyanidzusatz (2%) gibt den Teilen eine silbergraue und saubere Oberfläche.

Hinsichtlich der an das Abschreckmittel zu stellenden Forderungen (hoher Wärmeentzug bei hoher Temperatur und langsame Abkühlung bei niedriger Temperatur) ist das Wasser kein gutes Abschreckmittel. Denn anfangs ist die Dampfentwicklung und damit die Stärke der Dampfhaut sehr groß und andererseits wird diese Dampfhaut erst bei relativ niedrigen Temperaturen zerstört. Die Dampfbildung kann man allerdings durch Zusätze von Salzen oder Säuren teilweise unterdrücken. Andererseits bilden die entstehenden Dampfblasen an scharfen Querschnittsübergängen einen gewissen Schutz gegen zu schroffe Abkühlung — aber auch die Ursache für erhöhte Spannungen.

**b) Härteöle** haben gegenüber den wäßrigen Lösungen eine schwächere Härtewirkung. Der Temperaturbereich großen Wärmeentzuges liegt bei Öl jedoch günstiger wegen der geringeren Neigung zur Dampfbildung. Die Öle wirken umso stärker, je geringer ihre „Viskosität" ist, d. h. je dünnflüssiger sie sind. Ein gutes Härteöl mit geringer Zähigkeit hat im oberen Bereich die gleiche Abschreckwirkung wie Wasser, kühlt im unteren Bereich aber erheblich schwächer, womit die Rißgefahr für die Werkstücke herabgesetzt wird. Eine Temperaturerhöhung des Bades vergrößert die Abkühlgeschwindigkeit, während die gleiche

Maßnahme bei Wasser die Abschreckwirkung verringert, ohne die Rißgefahr zu mildern. Daher sollten Härteöle möglichst nicht unter 50 °C benutzt werden. Nach oben hin ist eine natürliche Grenze durch den Flammpunkt und die Gefahr von Ölbränden gezogen. Versuche haben ergeben, daß für große Querschnitte Öle zu wählen sind, die bei niedrigen Temperaturen (z. B. 300 °C) noch hohe Abkühlgeschwindigkeiten haben, während für kleine Querschnitte Öle besser geeignet sind, die bei hohen Temperaturen die höchste Abkühlgeschwindigkeit haben.

Die früher üblichen Öle tierischen und pflanzlichen Ursprungs (Rüböl, Leinöl, Tran, Talg usw.) finden heute keine Verwendung mehr, da sie einmal teuerer sind als Mineralöle und zum anderen durch den Einfluß des Luftsauerstoffes und durch die ständige Berührung mit dem warmen Härtegut zur vollkommenen Zersetzung und Verdickung neigen, wodurch die Viskosität stark ansteigt. Ungenügende und ungleichmäßige Härte und Weichfleckigkeit der Werkstücke sind die Folge. Aus dem gleichen Grund sind Ölemulsionen, ungeeignet. Ferner sollte man bei der Auswahl eines Härteöles auf die Dauerverwendbarkeit achten. Auch nach längerer Gebrauchsdauer von einigen Monaten soll ein gutes Härteöl keinen wesentlichen Härteabfall unter sonst gleichen Bedingungen verursachen.

*Mineralöle*, als Destillat aus dem Rohöl oder als Raffinat aus dem Destillat weiter verfeinert, genügen diesen Ansprüchen vollkommen und werden heute überwiegend zum Härten verwendet. Auch eine jahrelange Benutzung führt kaum zu einer Minderung der Härtewirkung. Wichtig für die Beurteilung eines Öles sind die Zähigkeit und der Flammpunkt. Eine geringere Viskosität begünstigt einen besseren Austausch der Ölteilchen an der Oberfläche und damit die Auflösung von Dampfblasen. Außerdem sinkt der Ölverbrauch durch geringere Anhaftverluste. Eine weitere Folge ist geringerer Zunderanfall bei den Werkstücken, wodurch die Bäder seltener entschlammt werden müssen. Der minimale Flammpunkt kann dabei ebenfalls niedriger liegen, da er allein durch die Brandgefahr bestimmt wird, die bei geringerer Viskosität kleiner wird. Auch sog. *Sonderöle* sind im Gebrauch, die je nach Wahl des Zusatzes (z. B. Blei- oder Schwefelverbindungen) einen geringeren Verzug oder eine tiefere Einhärtung bewirken. Dadurch können sie trotz des höheren Preises wirtschaftlich sein. Zu beachten ist das Altern der Öle, wenn sie bei höheren Temperaturen eingesetzt werden. Durch Zusätze kann diese Eigenschaft wesentlich verbessert werden. Zum Warmbadhärten und zum Anlassen sollten deswegen nur *paraffinbasische* und keine naphtenbasischen Öle verwendet werden.

c) Soweit Salzbäder zum Abschrecken benutzt werden, haben sie den Vorteil, daß bei ihnen in den oberen Temperaturbereichen keine lästige Dampfbildung auftritt. Bei niedrigeren Temperaturen kühlen sie sehr langsam ab und vermindern so die Rißgefahr. Die Salze sind meist salpeterhaltige Anlaßsalze (s. Tab. 4, S. 44). Sie sind höchstens bis 550 °C verwendbar (darüber zersetzt sich Salpeter). Da aber die durchschnittliche Arbeitstemperatur 180···200 °C beträgt, ist das unwesentlich. Nur wenn die Härtetemperatur der Werkstücke 950 °C überschreitet, sind sie wegen der Zersetzungsgefahr nicht mehr verwendbar.

Außer den bisher besprochenen Stoffen werden vielfach Lösungen, Mischungen u. Legierungen verschiedenster Zusammensetzung zum Abkühlen angeboten und für sie besonders günstige Eigenschaften beansprucht. In vielen Fällen werden sie diese vielleicht auch haben, doch ist es immer schwierig festzustellen, ob die höheren Kosten sich bezahlt machen. Es ist ratsam, die im allgemeinen Handel angebotenen Abschreckmittel mit gewisser Vorsicht in Betrieb zu nehmen, da sie nicht immer das halten, was zugesagt wird.

Im übrigen müssen alle Flüssigkeiten rein sein. Sie dürfen weder Schmutz noch andere Fremdkörper enthalten, die sich an die Werkstücke ansetzen und die Härtung stellenweise hindern oder gar die Oberfläche schädigen könnten.

Die Schnelligkeit der Abkühlung hängt außer von der Art der Flüssigkeit auch noch von ihrer Temperatur ab. Die Abkühlung ist um so schroffer, je niedriger die Temperatur ist, ohne daß die Abschreckwirkung jedoch gleichmäßig mit wachsender Temperatur abnähme. Wasser und wäßrige Lösungen hält man meist auf Raumtemperatur (ca. 20 °C). Geringe Unterschiede machen nichts aus. Bei Wasser z. B. ist bis etwa 30 oder 35° keine Änderung zu bemerken. Bei 80···100° allerdings wird die Wirkung wesentlich schwächer, so daß man unter Umständen für mildes Abschrecken an Stelle von Öl auch heißes Wasser verwenden kann. Beide können sich aber aus den vorgenannten Gründen nicht ersetzen, da, wie gesagt, heißes Wasser anfänglich etwa ebenso schnell oder etwas langsamer kühlt als Öl, dann aber viel schneller.

In gewissem Umfang kann man auch durch eine Änderung der Öltemperatur eine Härteänderung bei den Werkstücken erzielen ähnlich wie bei der Warmbadhärtung. Dadurch können Härtbarkeitsunterschiede von Werkstücken aus verschiedenen Schmelzen in der Massenfertigung ausgeglichen werden.

Aus alledem geht hervor, daß gerade bei der Massenfertigung die Wahl des Abschreckmittels sehr wichtig ist, da ein gleichmäßiges Ergebnis anderenfalls stark in Frage gestellt wird. Um unliebsame Überraschungen zu vermeiden, empfiehlt es sich, bei ungenügender Erfahrung auf diesem Gebiet den Rat der Fachfirmen[1] einzuholen.

**46. Abschreckbehälter.** Für gelegentliches Abschrecken von kleinen Teilen genügt irgend ein Gefäß mit einer geeigneten Flüssigkeit in der Nähe des Härteofens. Ein eingelegtes Sieb gestattet, die hineingeworfenen Teile leicht herauszuholen.

Für dauerndes Arbeiten genügen kleine Gefäße nicht, denn die Flüssigkeit würde schnell warm werden und dann immer milder wirken. Man muß also dafür sorgen, daß die Temperatur der Flüssigkeit sich nicht wesentlich erhöht und möglichst überall gleich ist. Die einfachste Einrichtung dazu ist ein Gefäß wie Bild 34, in das fortwährend Wasser zu- und abfließt. Das Wasser tritt unten durch Löcher in einen Rohrring ein, durchströmt das ganze Gefäß und tritt oben aus dem Überlauf wieder aus. Das hat zugleich den Vorteil, daß die Temperatur im Bad durch die andauernde Strömung sich gut ausgleicht. Ein Nachteil ist, daß ständig nur frisches Wasser zum Härten benutzt wird. Das Wasser- und Ölbad in Bild 35 vermeidet diesen Nachteil. Zwei Gefäße, eins für Wasser, eins für Öl, stehen in einem Behälter, in dem Kühlwasser umläuft. Die dauernde Zufuhr von Frischwasser und Abfuhr des gebrauchten Wassers genügt, wenn man Fluß- oder Leitungswasser benutzt. Wäßrige Lösungen müssen dagegen umgepumpt und gekühlt werden. Dabei werden nur die Verluste an Wasser oder Beimengungen ergänzt. (Zusammensetzung laufend überprüfen!).

Um eine gleichmäßige Temperatur im ganzen Bad zu haben, leitet man vielfach Preßluft in das Bad. Bild 36 zeigt diese Anordnung für ein gleichzeitig durchfließendes Wasser gekühltes Ölbad. Eine andere Möglichkeit, die Abschreckflüssigkeit ohne spezielle Hilfsmittel wie die eben erwähnte Preßluft in Bewegung zu bringen, ist die, daß man die Flüssigkeit bereits entsprechend in den Behälter einströmen läßt. Bei runden Behältern wählt man dabei einen tangentialen, bei rechteckigen Behältern einen diagonal gegenüberliegenden Einlauf (Bild 37).

Für Öl ist die Kühlung wegen der Brandgefahr besonders wichtig. Ein Entflammen der unmittelbar die Oberfläche des glühenden Werkstücks berührenden Ölschicht schadet nicht, da die Flamme beim Eintauchen meist gleich erlischt. Für alle Fälle sollten Ölbäder aber einen dicht schließenden Deckel haben oder noch besser sollte ein geeigneter Feuerlöscher zur Verfügung stehen, damit eine

---

[1] DEGUSSA, Frankfurt/Main, Deutsche Houghton KG., Hildesheim, Deutsche Shell AG, Hamburg, Deutsche Vacuum-Öl AG, Hamburg, ESSO, Hamburg, u. a..

auftretende Entflammung erstickt werden kann. Für große Anlagen, besonders in Vergütereien, genügt das Kühlen durch Wasser im Bad selbst nicht. Man läßt hier das Öl durch *Rückkühlanlagen* [12], die es zugleich auch reinigen, umlaufen. So gelingt es, das Öl auch bei sehr großen Werkstücken und bei großen Durchsatzmengen ausreichend kühl zu halten. Als Behälter für die flüssigen Salze werden die schon vorher beschriebenen Schmelzbäder eingesetzt (vgl. Abschn. 42). In

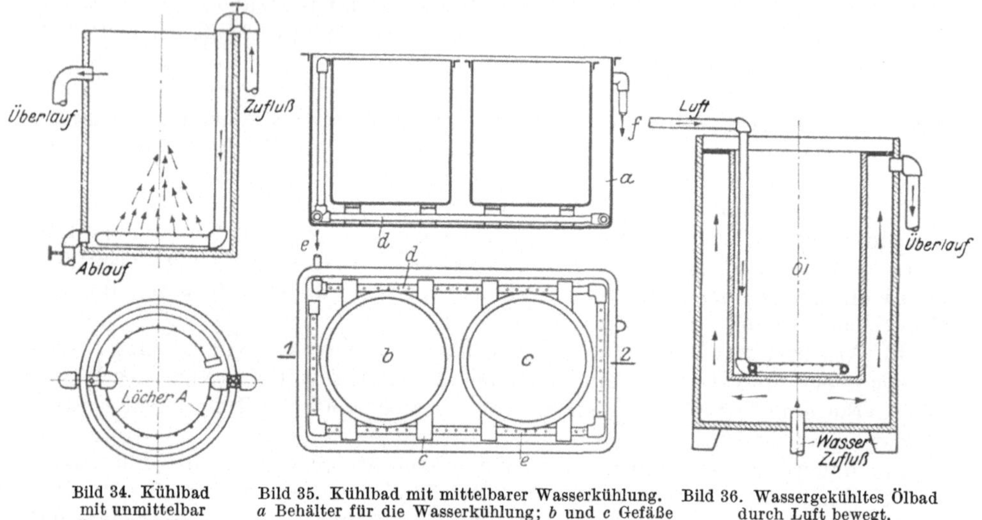



Bild 34. Kühlbad mit unmittelbar zufließendem Wasser.

Bild 35. Kühlbad mit mittelbarer Wasserkühlung. *a* Behälter für die Wasserkühlung; *b* und *c* Gefäße für die Kühlflüssigkeiten (Wasser und Öl); *d* Rohrleitung; *e* Wasserzufluß; *f* Überlauf.

Bild 36. Wassergekühltes Ölbad durch Luft bewegt.

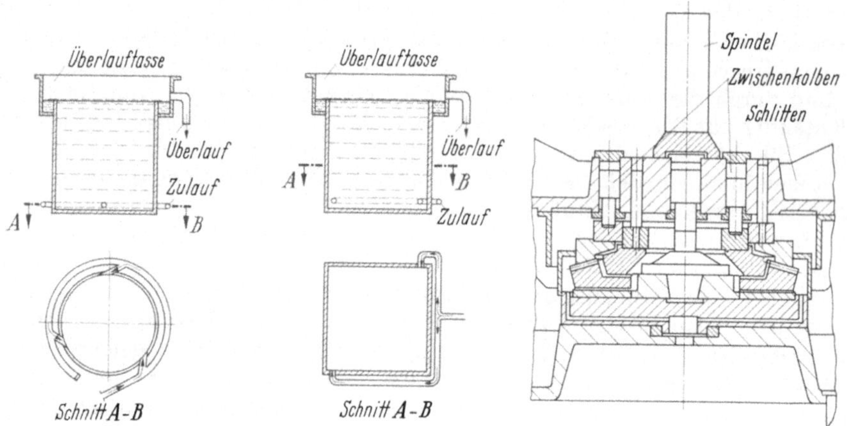



Bild 37. Anordnung von Zu- und Überlauf bei einem runden (links) und einem rechteckigen Ölbehälter.

Bild 38. Härtevorrichtung für Kegelräder (Bauart Klingelnberg).

jedem Fall ist bei der Wahl der Abkühlbehälter die Form und Größe der Werkstücke zu berücksichtigen.

**47. Abkühlen an Luft.** Soweit sie mit ruhender Luft erfolgt, ist eine einseitige Abkühlung durch Zugluft zu vermeiden. Falls die Abschreckwirkung nicht ausreicht, wird auch Preßluft verwendet (Härten von Werkzeugen). Hier genügt durchaus 1 atü, wenn die Luftmenge nur groß genug ist. Bei großen Teilen kann man hinsichtlich der Beschaffung der notwendigen Luftmengen auf Schwierigkeiten stoßen. Um eine Zunderbildung zu vermeiden, werden Schnellarbeitsstähle mitunter auch durch gekühltes Schutzgas abgeschreckt. In allen Fällen muß das Kühlgas trocken sein, weil die Teile sonst leicht reißen können.

**48. Abschreckvorrichtungen.** *Einseitig* auf einer Fläche *zu härtende Teile* werden, um die Ebenheit zu wahren, manchmal auch auf der Gegenseite gehärtet, obwohl es vom Gebrauchszweck her nicht notwendig ist. *Kleinere Gegenstände,*

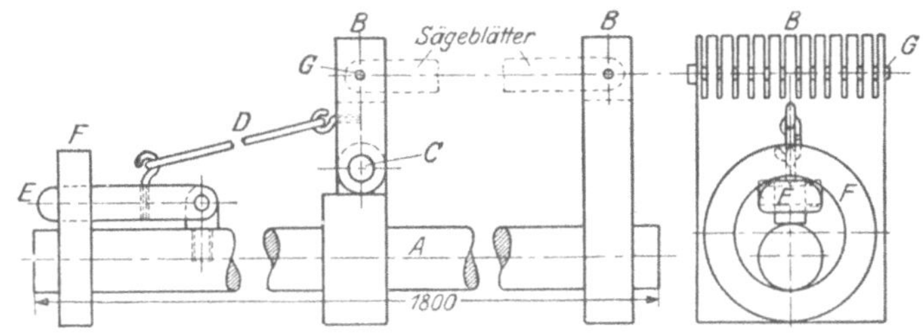


Bild 39. Härtevorrichtung für Sägeblätter.
*A* Stange; *B* Rahmen; *C* Schwenkbolzen; *D* Zugstange; *E* Spannhebel; *F* Spannring; *G* Stifte.

wie Zahnräder, Ringe, Spindeln usw. härtet man bei entsprechenden Stückzahlen auch in einer Vorrichtung auf besonderen *Härtemaschinen.* Die Werkstücke werden dabei sinngemäß eingespannt und mit der Vorrichtung zusammen in das Härtebad getaucht oder mit dem Kühlmittel umspült. Durch verschiedene Öl-geschwindigkeiten und andere Maßnahmen kann man hierbei milder oder schroffer abschrecken. Bild 38 zeigt eine derartige Vorrichtung zum Härten von Kegelrädern, wie sie in der Auto-industrie eingesetzt wird. Sehr dünne Teile, z. B.

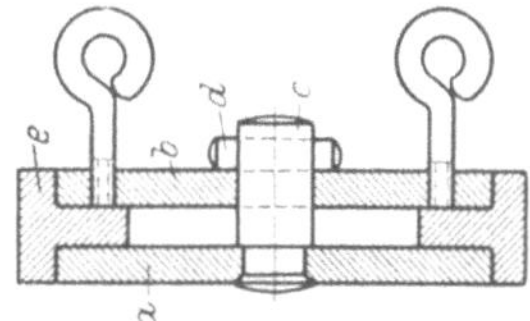


Bild 41. Härtevorrichtung für Ringe
mit T-förmigem Querschnitt.
*a, b* Spannplatten; *c* Bolzen; *d* Spannkeil

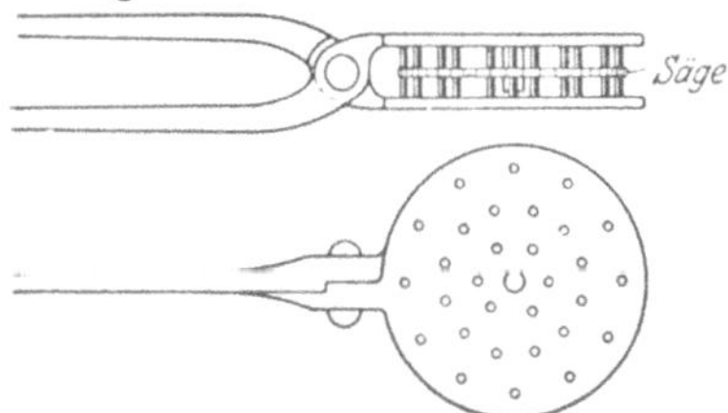


Bild 40. Härtezange für Metallkreissägeblätter.

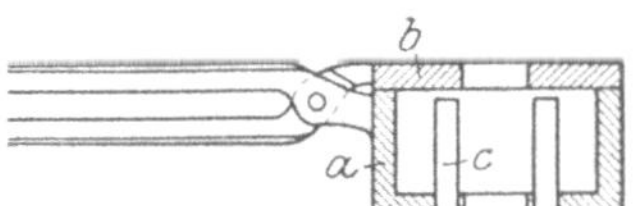


Bild 42. Härtezange für Schneideisen.
*a* Kapsel; *b* Deckel; *c* Stifte.

Sägeblätter können durch Federbügel gespannt werden. Man spannt auch bis zu 12 Stück zugleich in einer Vorrichtung (Bild 39), mit der sie, da der Rahmen als Ganzes um die Tragestange A schwenkbar ist, im Salzbad erhitzt und danach im Ölbad abgekühlt werden. Für Sägen aus Schnellstahl besteht dieser Rahmen aus hitzebeständigem Material. Eine Sonderzange für dünne Metallkreissägeblätter zeigt Bild 40. Die vielen dünnen Stifte verhindern das Werfen der Sägeblätter und lassen trotzdem die Kühlflüssigkeit hindurch. Die Vorrichtung in Bild 41 soll das Verziehen und zugleich das Hartwerden des inneren Ringsteges dadurch verhindern, daß sie ihn zwischen zwei Platten (*a* und *b*) festspannt.

Als Beispiel für die *Strahlhärtung* (Abschn. 12) zeigt Bild 11 eine Härtevor-richtung für Gesenke. Das erwärmte Gesenk wird mit der Arbeitsfläche nach unten auf die Stäbe J gelegt, das Ventil G geöffnet, so daß ein starker Wasser-strahl die Arbeitsfläche trifft. Dabei steigt der Wasserspiegel im Gefäß allmählich von H bis L in Höhe des Überlaufes. Kurz bevor er die Rückenfläche erreicht, öffnet man Ventil F und läßt einen Sprühregen auf das Gesenk von oben fallen.

Dadurch verhindert man, daß zu große Abkühlspannungen entstehen und das Gesenk sich wirft.

Weitere Vorrichtungen zum teilweisen Abkühlen, in die die Werkstücke nach dem Erhitzen gelegt werden und die beim Abkühlen die nicht zu härtenden Stellen vor der Kühlflüssigkeit mehr oder weniger schützen, zeigen die folgenden Bilder: Bei der Härtezange für Schneideisen (Bild 42) wird das Eisen in die Kapsel gelegt, so daß die Stifte die Löcher zwischen den Zähnen ausfüllen. Bei der Zange für Schneidplatten (Bild 43) bleibt rings um den Durchbruch der Schneidplatte

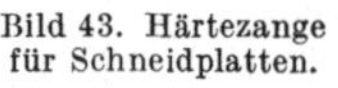


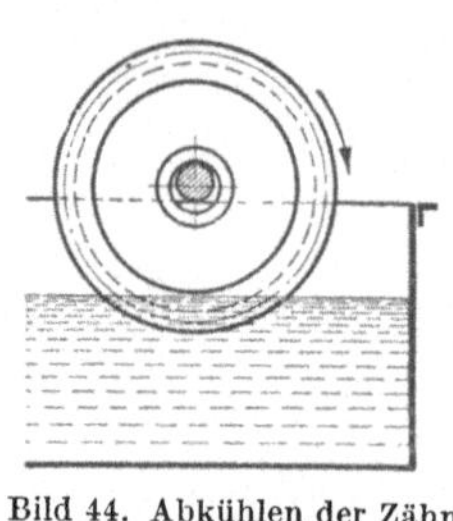

Bild 44. Abkühlen der Zähne eines Zahnrades.

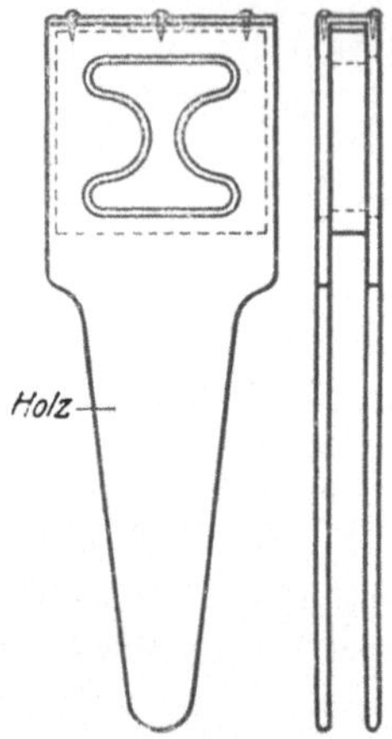

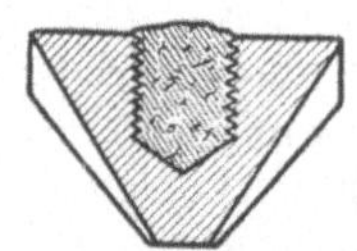

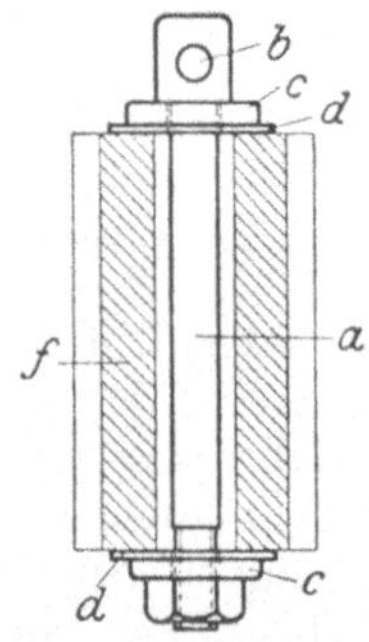


Bild 43. Härtezange für Schneidplatten.

Bild 45. Bohrung eines Spitzsenkers, vor dem Hartwerden geschützt.

Bild 46. Bohrung eines Fräsers, vor dem Hartwerden geschützt.
$a$ Bolzen; $b$ Loch zum Halten; $c$ Unterlegscheiben; $d$ Asbestscheiben; $f$ Fräser.

ein Streifen von etwa 3 mm für die Berührung mit der Kühlflüssigkeit frei. Eine andere Art teilweiser Abkühlung zeigt Bild 44: das Zahnrad wird über einen Dorn geschoben und der Zahnkranz dann über der Kühlflüssigkeit gedreht. Eine andere Möglichkeit, einzelne Bereiche der Werkstücke nicht mitzuhärten, ist die Abdeckung durch geeignete Mittel (Abschn. 12). Infolge dieser Abdeckung kühlt die geschützte Stelle so langsam ab, daß sie nur wenig oder gar nicht hart wird. Bild 45 zeigt einen Spitzsenker, dessen Bohrung mit Lehm ausgefüllt ist. Schraubenlöcher mit Gewinde füllt man ebenfalls mit Abdeckmitteln aus, glatte Bohrungen dagegen läßt man am besten ungeschützt, wegen der damit verbundenen besseren Wärmeableitung aus dem Kern. Große Bohrungen bei Walzenfräsern und anderen

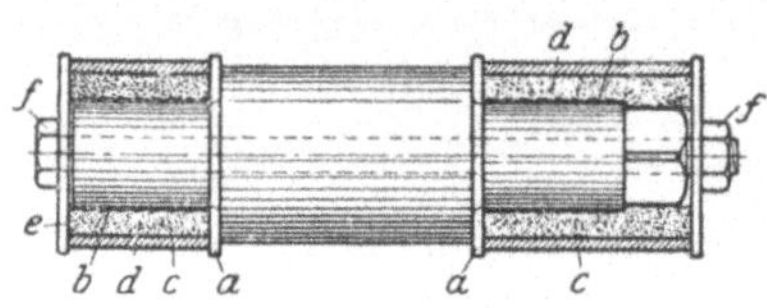


Bild 47. Stahlwalze, Zapfen vor dem Hartwerden geschützt.
$a$ Scheiben; $b$ Asbest; $c$ Rohrstücke; $d$ Lehm; $e$ Scheiben; $f$ Bolzen.

Aufsteckwerkzeugen deckt man zweckmäßiger ab (Bild 46). Sacklöcher sollte man, wenn möglich stets ausfüllen, da sie sonst leicht Anlaß zum Reißen geben. Bild 47 zeigt am Beispiel einer Stahlwalze mit sorgfältig verpackten Zapfen, wie man äußere Flächen oder irgendwelche Stellen eines flachen Teiles abdeckt. Zur Not kann man eine scharfe Eindrehung schon durch einen eingelegten Draht etwas schützen.

## E. Einrichtungen zum Anlassen

Der Temperaturbereich für das Anlassen liegt zwischen 100 und 700 °C. Hierfür werden heute in der Regel entweder Luftumwälzöfen oder Flüssigkeitsbäder eingesetzt. Nur in Ausnahmefällen verwendet man auch erhitzte Platten, Bunsenbrenner u. ä. Hilfsmittel.

**49. Anlaßöfen. a)** Luftumwälzöfen werden heute gegenüber den Öfen ohne Umwälzung bevorzugt, da die Temperaturunterschiede im Ofenraum durch die mit hoher Geschwindigkeit vorgenommene Luftumwälzung schon kurz nach der Anheizzeit gänzlich verschwunden sind. Auch die Erwärmgeschwindigkeit wird erheblich gesteigert, da die umgewälzte Ofenatmosphäre als Wärmeträger auch schneller an die innen liegenden Teile des Glühgutes gelangt. Allerdings setzt die Anwendung solcher Öfen voraus, daß das Einsatzgut so beschaffen ist bzw. so angeordnet werden kann, daß ein ungehinderter Durchtritt der Warmluft durch das Glühgut möglich ist. Bild 48 zeigt einen solchen Ofen. Darin ist auch der Ventilator zu erkennen, der die Luft aus dem Ofenraum ansaugt und in die Heizkanäle drückt, aus welchen sie vorn, nahe der Tür, wieder in den Ofenraum gelangen. Die Beheizung solcher Öfen kann grundsätz-

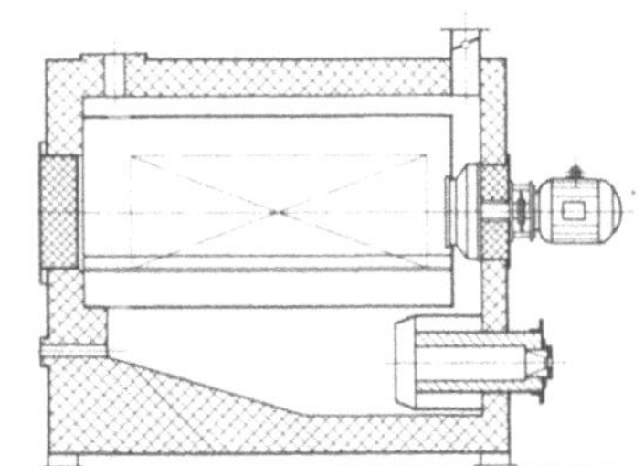

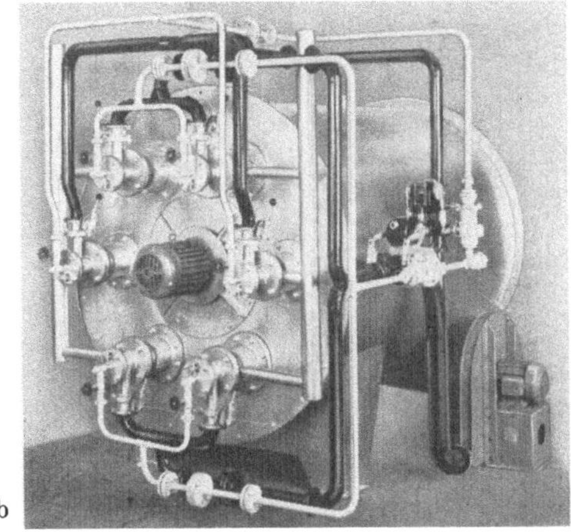


Bild 48. Kammerofen mit Luftumwälzung und indirekter Beheizung, öl- oder gasgefeuert
(Bauart Dr. Schmitz & Apelt).

lich durch Öl, Gas oder elektrischen Strom erfolgen. In den meisten Fällen kann die direkte Beheizung gewählt werden, da durch entsprechende Ofenkonstruktion, Brenneranordnung und -ausführung auch bei Ölfeuerung jede Überhitzung vermieden wird. Die Beschickung erfolgt durch gelochte Behälter oder mittels einschiebbarer Hordenbleche bzw. -gestelle.

Gebaut werden diese Öfen in mannigfaltigen Formen und Abmessungen z. B. auch in senkrechter Anordnung als Schachtofen (s. Bild 21) und jedem Verwendungszweck angepaßt. Es sei hier auf das Angebot der einschlägigen Ofenbaufirmen verwiesen.[1] Die zugehörigen Temperaturmeß- und regelgeräte ermöglichen ein einwandfreies Einhalten der Anlaßtemperatur für beliebig lange Zeiten auf $\pm 3\,°C$, wobei die öl- und gasgefeuerten Öfen den elektrisch beheizten Öfen nicht nachstehen.

**b)** ein Öl-Anlaßbad, das für geringe Mengen von Durchsatzgut und nicht allzu große Teile recht gut geeignet ist, zeigt das Bild 49. Darauf erkennt man auch den Siebkorb, der viel benutzt wird, um die Teile bequem ins Bad und wieder heraus zu bekommen. Größere Siebe werden mit einem Flaschenzug bewegt oder durch eine kleine Winde gehoben, kleinere Siebe richtet man zweckmäßiger schwenkbar ein.

**c)** Die Schmelzöfen, die mit Anlaßsalz gefüllt werden, ähneln im Aufbau weitgehend den Öfen, wie sie für die Erwärmung und Aufkohlung verwendet werden (Bild 50). Eine Ölbeheizung bei salpeterhaltigen Anlaßsalzen ist möglichst

---

[1] Aichelin, Korntal/Stuttgart; DEGUSSA, Frankfurt/Main; Wolfgang, Hanau; Dr. Schmitz & Apelt, Wuppertal u. a.

zu vermeiden, da eine Überhitzung des Badbehälters zu rascher Zerstörung und vor allem jede Ruß- oder Ölkoksabscheidung im Verbrennungsraum bei Undichtwerden des Behälters zu explosionsartigen Erscheinungen führen kann. Am zweckmäßigsten ist hier die elektrische Beheizung.

**50. Anlaßflüssigkeiten. a) Anlaßöle.** An diese werden im wesentlichen die gleichen Anforderungen gestellt wie an die Abschrecköle. Besonders wichtig ist aber, daß ihr Flamm- und Brennpunkt genügend hoch über der Betriebstemperatur liegt. Als Flammpunkt gilt diejenige Temperatur, bei der sich die aus dem Öl entweichenden Gase entzünden. Er schwankt bei Mineralölen

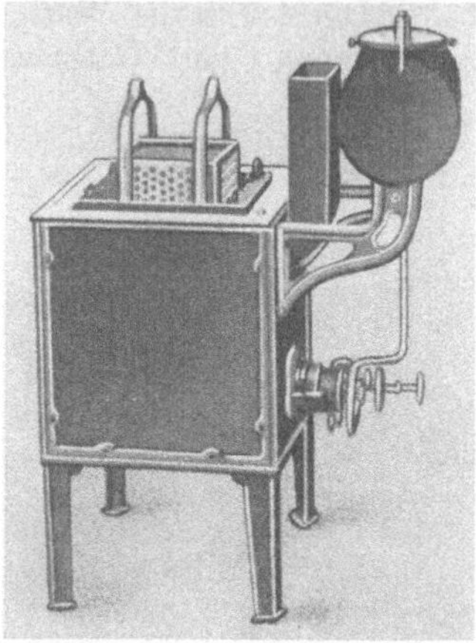

Bild 49. Öl-Anlaßbad mit Ölfeuerung.

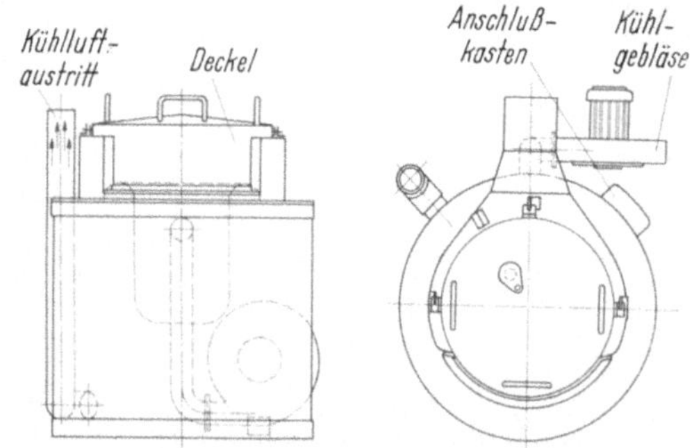

Bild 50. Schnellstahl-Anlaß- und Abschreckofen, elektrisch beheizt (Bauart DEGUSSA).

zwischen 110 °C (leichte Spindelöle) und 320 °C (schwere Zylinderöle). Bei fetten Ölen liegt er zwischen 300 und 320 °C. Als Brennpunkt gilt diejenige Temperatur, bei der das Öl selbst entzündbar ist. Er liegt bei allen Ölen etwa 30···50 °C höher als der Flammpunkt.

**b) Anlaßsalze.** Für Temperaturen über 300 °C werden vorteilhafter Anlaßsalze verwendet (s. Tab. 4, S. 44). Diese Salze sind salpeterhaltige Gemische, die sich lediglich durch ihren Schmelzpunkt unterscheiden. Sie dürfen nicht mit cyanidhaltigen Salzen zusammengebracht werden, da sonst *Explosionsgefahr* besteht! Auch ein Erwärmen wesentlich über 550 °C ist bei Verwendung von Stahlwannen gefährlich, da durch die Reaktion des Nitrates mit dem Eisen des Badbehälters erhebliche Wärmemengen frei werden, die zu einem Verbrennen der Wanne führen können. Solche Bäder müssen regelmäßig und sorgfältig entschlammt werden, um eine Überhitzung des Behälters und damit ein Durchbrennen zu vermeiden.

## F. Meß- und Regeleinrichtungen

Je hochwertiger eine Ofenanlage ist und je höhere Anforderungen an die Wärmebehandlung gestellt werden, desto größer ist die Bedeutung der Meßgeräte. In der Hauptsache werden heute an einer Ofenanlage folgende Größen gemessen: Temperatur, Zeit, Menge, Druck, Zusammensetzung von Gasgemischen, Heizwert und Zusammensetzung der Brennstoffe. Aus Platzgründen können hier nur die wichtigsten Geräte kurz angesprochen werden.

Die gebräuchlichsten *Temperaturmeßgeräte* sind: Ausdehnungsthermometer, Widerstandsthermometer, Thermoelemente, optische Pyrometer, Farb- und Schmelzstifte. Das Bild 51 gibt einen Überblick über ihren Anwendungsbereich.

**51. Glüh- und Anlaßfarben.** Bekanntlich glühen alle Körper, die erhitzt werden, von einer bestimmten Temperatur an. Die *Glühfarben* laufen dabei, erst kaum sichtbar, von dunkelrot, dann mit steigender Temperatur, immer stärker und heller bis zum leuchtenden Weiß. Sie treten stets in derselben Reihenfolge auf, so daß jeder Farbe eine ganz bestimmte Temperatur zugeordnet ist. Man kann also aus der Glühfarbe auf die Temperatur schließen (Tab. der Glühfarben s. [1]).

Die *Anlaßfarben* hängen nicht nur von der Temperatur, sondern auch von der Anlaßdauer ab. Der alte Brauch, die Werkzeugstähle nach der Farbe anzulassen, erfordert Übung und Geschick. Auch die Raumbeleuchtung beeinflußt die Beurteilung der Glüh- und Anlaßfarben, so daß diese Methode nur für untergeordnete Zwecke eingesetzt werden sollte. Je mehr Stahlsorten zu behandeln sind und je genauer die Temperaturen eingehalten werden müssen, um so mehr ist zu fordern, daß dem Härter die richtigen Werte vorgeschrieben werden und ihm geeignete Meßgeräte an die Hand gegeben werden, um diese Temperaturen objektiv zu messen. Ganz ohne Schätzung der Glühfarbe wird man allerdings nicht auskommen. Einige Geräte messen die Temperatur des

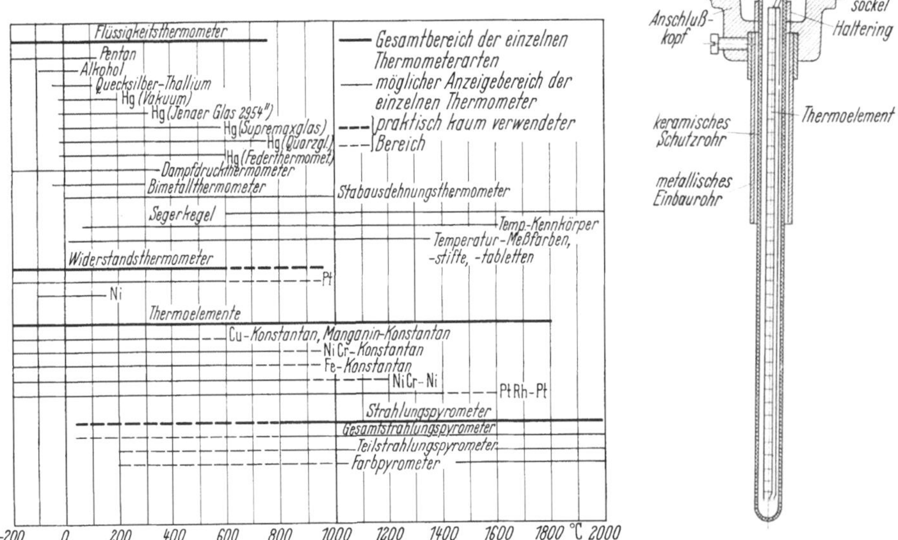


Bild 51. Anwendungsbereich der gebräuchlichsten Temperaturmeßgeräte (Auszug aus DIN 1953).

Bild 52. Thermoelement mit keramischem Schutz- und Einbaurohr.

das Werkstück umgebenden Raumes. Nach der Glühfarbe muß man dann kontrollieren, ob das Werkstück diese Temperatur auch angenommen hat. Eine andere Gruppe von Meßgeräten benutzt die Glühfarbe selbst zur Messung (Strahlungspyrometer, vgl. Abschn. 54).

**52. Thermometer.** *Ausdehnungsthermometer* beruhen auf der temperaturbedingten Änderung des Volumens oder der Länge eines Stoffes. Ausgeführt werden sie als *Flüssigkeitsthermometer*, gefüllt mit Alkohol, Quecksilber u. a. Flüssigkeiten, wodurch sie einen Anzeigebereich von $-200\cdots+750$ °C überdecken. Häufig gebraucht sind *Quecksilberthermometer*, die evakuiert bis ca. $+250$ °C und mit Schutzgas versehen ($N_2$, $H_2$) bis $+750$ °C verwendet werden. Bei den *Stabausdehnungsthermometern* wird die Ausdehnung fester Stoffe wie z. B. Stahl (bis 800 °C) oder Nickelstahl bzw. Graphit (bis 1000 °C) zur Anzeige oder Regelung benutzt.

Bei *Widerstandsthermometern* (DIN 43760, 43763) wird die Zunahme des elektrischen Widerstandes von dünnen Platin-, Nickel- oder Stahldrähten zur Temperaturmessung benutzt. Sie werden für den Anzeigebereich von $-200\cdots+600$ °C eingesetzt. Ihr Vorteil liegt in nur geringen Meßfehlern (unter 1 °C) vor allem bei niedrigen Temperaturen und in der Temperaturunempfindlichkeit der hierzu erforderlichen Meßgeräte. In Wärmebehandlungsbetrieben werden sie selten eingesetzt.

**53. Thermoelemente** (DIN 1953; 16160; 43710; 43712; 43713) gehören zu den heute am meisten verwendeten Meßgeräten bei den Wärmöfen (Bild 52). Ihre Wirkungsweise ist kurz folgende: Das Element enthält zwei Drähte (das *Thermopaar*), die aus zwei verschiedenen Metall-Legierungen hergestellt und an einem Ende miteinander elektrisch verbunden (verschweißt oder verlötet) sind (*Warmlötstelle, Meßstelle*). Am häufigsten verwendet werden die Kombinationen Kupfer–Konstantan, Eisen–Konstantan, Nickel–Nickelchrom, Platin–Platinrhodium. Wird die Meßstelle erwärmt, so entsteht eine Thermospannung gegenüber der nicht erwärmten Verbindungsstelle (*Kaltlötstelle, Vergleichsstelle*), deren Größe von der Art der verwendeten Metalle (DIN 43710) und vom Temperaturunterschied zwischen der Meßstelle und der kalten Vergleichsstelle abhängt. Diese Spannung wird mit einem elektrischen Anzeigegerät gemessen und in °C abgelesen. Die Messung ist grundsätzlich eine Differenzmessung. Die Temperatur der Vergleichsstelle muß daher konstant und bekannt sein. Sie ist im allgemeinen die Raumtemperatur. Bei Schwankungen der Raumtemperatur wird eine höhere Temperatur, meist 50 °C gewählt, die durch elektrische Beheizung erzeugt und durch einen Thermostaten konstant gehalten wird. Um das zu erreichen, wird diese Stelle weit genug von der Meßstelle installiert und durch Ausgleichsleitungen aus dem gleichen Material wie das Thermopaar verbunden, damit sie keine Thermospannung diesem gegenüber aufweisen. Thermoelemente werden vorzugsweise bei hohen Temperaturen bis etwa 1800 °C verwendet. Sie benötigen normalerweise keine besondere Spannungsquelle. Für den praktischen Gebrauch erhält die Warmlötstelle eine Schutzhülle und wird so zum *Meßfühler*, dessen Ausführung sich nach dem Verwendungszweck und der Temperaturbeanspruchung, dem Druck und den chemischen Einflüssen richtet. Je dicker die Schutzhülle, um so größer ist der Schutz gegen mechanische und chemische Beanspruchung der Metalldrähte. Um so träger arbeitet aber auch der Meßfühler, da die Drähte durch die Wärmedämmung der Schutzhülle die Ofentemperatur erst später annehmen.

**54. Strahlungspyrometer** sind in erster Linie für hohe Temperaturen geeignet, die mit Thermoelementen nicht mehr erfaßbar sind. Man verwendet sie auch dann, wenn der Verschleiß an Thermoelement-Schutzhüllen zu groß wird oder eine Messung mit Thermoelementen nicht möglich ist, z. B. bei sich bewegendem Meßgut wie etwa in einem Durchlaufofen. Das Meßprinzip dieser Geräte nutzt die Tatsache aus, das ein Körper entsprechend seiner Temperatur eine bestimmte Strahlung aussendet, die man messen kann. Da erst bei höheren Temperaturen die Strahlung stark zunimmt und damit besser meßbar wird, erstreckt sich der Anwendungsbereich dieser Geräte praktisch von ca. +800 °C bis zu beliebig hohen Temperaturen. Aber auch Temperaturen bis hinunter zu 0 °C sind mit besonderen Pyrometern (z. B. Hohlspiegel-Gesamtstrahlungspyrometer) meßbar.

Der Anzeigebereich der Pyrometer kann deswegen so hoch hinauf reichen, weil mit diesen Geräten der Glühraum von außen nur durch ein Fernrohr anvisiert wird, im Gegensatz zu den Thermoelementen und Thermometern, die mit ihrem wirksamen Teil in den das Glühgut umgebenden Raum hineinreichen. Sie sind somit nicht der Hitze der zu messenden Temperatur selbst ausgesetzt wie die Thermoelemente und die Thermometer.

Im wesentlichen arbeiten diese Geräte nach zwei Verfahren:

a) *Gesamtstrahlungspyrometer* besitzen fest eingebaute Thermoelemente oder Fotozellen als Strahlungsempfänger, die eine stetige Anzeige und Aufzeichnung der gemessenen Werte, unabhängig vom Beobachter gestatten. Anwendungsbereich: 800···2000 °C.

b) *Teilstrahlungspyrometer* (Helligkeitspyrometer). Hierbei muß der Beobachter, abhängig von seiner Erfahrung, durch Anvisieren die Leuchtfarbe eines Drahtes oder dergl. mit derjenigen der Meßstelle vergleichen. Erst dann kann er die Temperatur ablesen. Es ist also nur für Augenblicksmessungen geeignet. Anwendungsbereich: 800···3500 °C. Sein Vorteil gegenüber a) ist die höhere Genauigkeit und die Möglichkeit der Messung von Werkstücken, wenn sie in einem offenen Feuer liegen oder sogar ganz außerhalb des Ofens, was mit dem Gesamtstrahlungspyrometer nicht möglich ist.

**55. Behelfsmäßige Temperaturmeßmittel** wie Stifte und Haken, die beim Glühen in Kästen mit eingepackt werden und zur Temperaturmessung gezogen werden, oder Holzkohlenpulver, das aufgestreut wird und aus dessen Rauch- und Funkenbildung die Temperatur geschätzt werden kann, sollten heutzutage wegen der Ungenauigkeit möglichst vermieden werden.

*Die Segerkegel*, kleine keramische Schmelzkörper, und die *Sentinel-Pyrometer*, kleine Schmelzkörper aus Salzgemischen ergeben keine so verläßliche Temperaturanzeige wie die Strahlungspyrometer. Abgesehen davon sind sie ihrer Art nach nur für gelegentliche Kontrollen und nicht für eine ständige Überwachung geeignet. Auch die *Thermochrom-Meßstifte* fallen unter diese Kategorie. Mit ihnen wird, wie mit einem Wachsstift, die Farbe aufgestrichen. Nach ein bis zwei Sekunden zeigen sie je nach Temperatur einen charakteristischen Farbumschlag. Sie sind in der Härterei ein Behelf und eignen sich nur für Temperaturen bis 650 °C und zur schnellen und groben Temperaturbestimmung, wenn keine anderen Meßgeräte zur Verfügung stehen oder einsetzbar sind (z. B. schnelles Messen der Ofenwandtemperatur).

Eine große Anzahl dieser *Meßgeräte* kann *mit Schreibgeräten* — besonders bei elektrischer Meßwertübertragung — kombiniert werden, wodurch eine gute Überwachung gegeben ist und womit auch Unterlagen geschaffen werden, die zur späteren Rekonstruktion des Arbeitsablaufes (Nachtschicht, Reklamationen) oder für ähnlich gelagerte Fälle herangezogen werden können.

**56. Temperaturregeleinrichtungen.** Thermoelemente und Gesamtstrahlungspyrometer kann man auch mit Reglern kombinieren, so daß eine selbsttätige Steuerung oder auch Regelung der Ofentemperatur möglich wird. Bei Erreichen einer eingestellten Temperatur kann man dann ein Signal (akkustisch oder optisch) geben oder auch das Überschreiten der Temperatur dadurch verhindern, daß die Wärmezufuhr durch entsprechende Stellgeräte gedrosselt wird. Sie reagieren natürlich nur auf die Temperatur, die die vom Meßgerät unmittelbar gemessene Stelle hat. Es läßt sich nicht verhindern, daß andere Stellen in Nähe der Brenner oder der elektrischen Widerstände eine höhere Temperatur haben. Besonders beim Anheizen ist dies unvermeidlich. Durch geschickte Anordnung und eine ausreichende Anzahl von Geräten kann dieser Fehler aber gemindert werden.

Als Regler kommen in erster Linie elektrische Meßwerke — also *Fallbügelregler* und *Fotowiderstandsregler* — in Frage [7, 8, 12]. Die vielfältigen Schaltmöglichkeiten des Fallbügelreglers als Zweipunktregler, als integraler Regler mit großer Stellzeit und als Regler mit Vorhalt machen ihn hierzu besonders geeignet. Will man eine elektronische oder pneumatische Regelung anwenden, so muß entweder ein Temperaturmeßgerät, das ein Regelsignal abgibt, oder ein Temperatur-Meßumformer vorgeschaltet werden.

Selbstverständlich müssen alle Meßgeräte auch einer betrieblichen Kontrolle unterworfen werden, wozu z. B. für die Temperaturmeßgeräte amtlich geeichte Thermoelemente, Präzisionswiderstände, Kompensatoren, sehr genaue Millivoltmeter, Kreuzspulenelemente usw. notwendig sind. Ebenso gibt es für die übrigen Meßgeräte geeignete Überprüfungsmethoden. Ebenso wichtig wie die Überwachung der Geräte ist die Wahl der richtigen Einbaustelle. Häufig liegt hier der Grund für eine falsche Anzeige und nicht beim Gerät oder in der Anzahl der eingebauten Meßstellen. Wichtig für die Temperaturmessung ist, daß von der Konstruktionsseite her örtliche Überhitzungen vermieden werden und daß, soweit diese Voraussetzung erfüllt ist, die Elemente an der richtigen Stelle und in der richtigen Tiefe angeordnet sind. So sollte z. B. in einem Durchlaufofen jede Zone mindestens mit einem Temperatur-Meßfühler ausgerüstet sein, der am Ende dieser Zone liegt, damit die Werkstücke nach Pas-

sieren der Meßstelle nicht noch durch weitere Brenner höher erwärmt werden. Die Einbau-
stellen und -tiefen legt man zweckmäßigerweise durch Versuche fest, was natürlich nur bei
gleichmäßig beschickten Öfen möglich ist.

Hinsichtlich der übrigen Meßgeräte zur Druckmessung, zur Überprüfung der Gaszusam-
mensetzung und der Ofenatmosphäre, der Gasmenge, der Zeit usw. sei auf die einschlägige
Literatur verwiesen [7, 9, 12].

## G. Vorrichtungen und Anlagen zum Halten und Befördern

In ihrer Größe richtig ausgewählte, gut durchkonstruierte und instandge-
haltene Öfen erlauben einen hohen Durchsatz, wenn nicht durch einen schlechten
„Füllungsgrad" eine unwirtschaftliche Ofennutzung und damit hohe Betriebskosten verursacht werden. Neben einer mangelhaften Organisation — häufiges
Zwischenschieben eiliger Aufträge z. B. — liegt der Hauptgrund in einer un-
zureichenden Vorbereitung und Durchkonstruktion der Mittel zum Beschicken
der Öfen, zum Halten und Befördern der Teile im bzw. durch den Ofen.

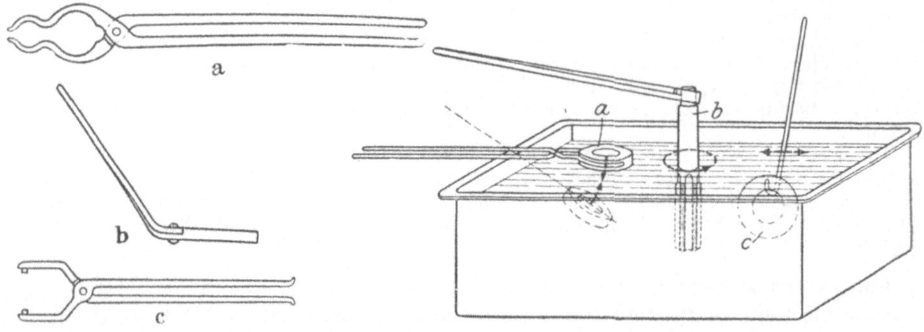

Bild 53. Härtezangen.                          Bild 54. Werkzeuge beim Abkühlen.

**57. Mittel für die Einzelbehandlung.** Sehr wichtig ist, daß in der Härterei
einwandfreie Greifwerkzeuge, wie Zangen und Haken, in ausreichender Anzahl
und Art zur Verfügung stehen. Von den vielen Formen von Zangen, die jede
Härterei für kleine und mittlere Teile nötig hat, zeigt Bild 53 drei Stück: a) für
runde Teile verschiedener Größe, b) mit abgebogenen Schenkel (bis zu 90°) für
senkrecht zu haltende Teile, c) mit klei-
nen Zapfen, um möglichst kleine Stellen
des Werkstückes zu berühren. Man vermeidet es immer, Werkstücke dort mit
der Zange zu fassen, wo sie hart werden
sollen. Möglichst faßt man nur Flächen
an, die gar nicht oder doch nicht in
erster Linie hart werden sollen, z. B.
die Außenflächen von Einstellringen,
Zieheisen, Schneideisen u. dgl. (a in Bild

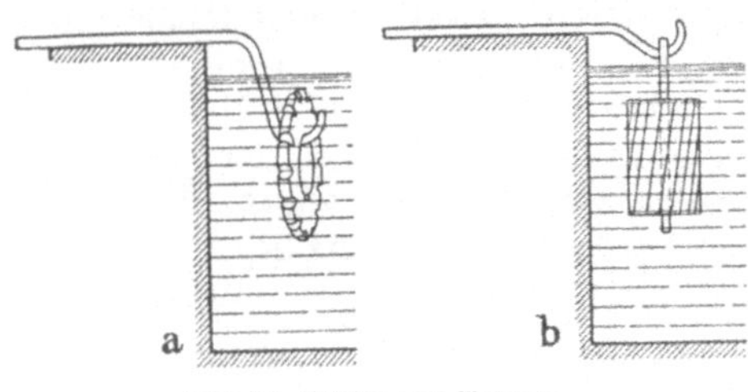

Bild 55. Härten von Fräsern.

54), den Schaft von Schaftwerkzeugen, überhaupt das eine Ende der Teile, wenn
nur das andere abgeschreckt werden soll (b in Bild 54).

Umgekehrt eignen sich Haken für hohle Werkstücke, wie Fräser, Senker,
Ringe, die vorwiegend außen hart werden sollen (c in Bild 54 u. 55a), wobei man
für längere Stücke zweckmäßig einen Steg (Bild 55b) zwischenschaltet.

Kleine Stücke ohne Bohrung, die an der ganzen Oberfläche möglichst gleichmäßig hart werden sollen, nimmt man am besten an Drähte, die man mit Zange
oder Haken faßt. Bild 56 zeigt mehrere derartig vorgerüstete Teile.

So einfach das Andrahten erscheint, so wenig ersichtlich ist es manchmal, ob es die wirtschaftlichste Methode darstellt. Viel häufiger als angenommen kann man durch Andrahten die beste Auslastung der Öfen, besonders bei Salzbädern, erzielen. Der unwesentliche Anteil an Totlast, sowie der geringe Aufwand an Arbeitszeit und der niedrige Gemeinkostenanteil werden häufig übersehen. Außerdem ist diese Methode sehr anpassungsfähig bei plötzlich eintretenden Änderungen in der Menge und Form der zur Härtung angelieferten Teile und beansprucht nur einen geringen Lagerraum im Vergleich zu den Vorrichtungen. Eine Vorrichtung, die kaum eine Ersparnis an Ofenfüllzeit ergibt und das Totgewicht meist erheblich vergrößert, täuscht wegen ihrer scheinbaren Vollkommenheit oft darüber hinweg, daß technisch gut aussehende Lösungen nicht immer die wirtschaftlichsten sind.

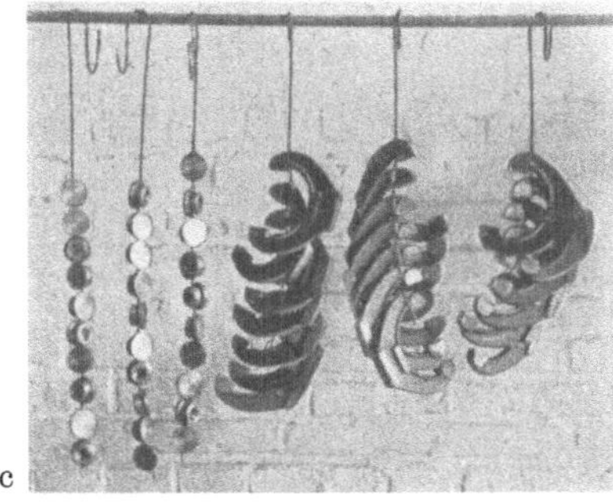

a          b          c

Bild 56. Angedrahtete Werkstücke.

Große Stücke werden mit der Laufkatze oder dem Kran in den Ofen und in das Abschreckbad gebracht. Zum Fassen der Werkstücke dienen Zangen (Bild 57), Ketten, Pratzen, Bügel oder Haken.

**58. Mittel für die Reihenbehandlung.** Um die Arbeitszeit zu verkürzen und die Kosten zu verringern, erwärmt man im Ofen, besonders im Glühofen, meist

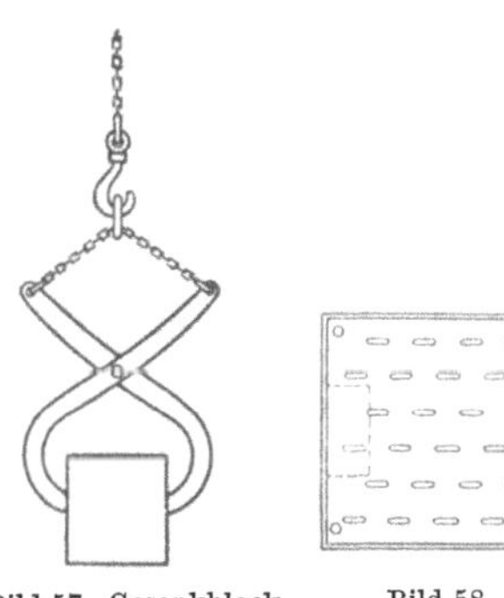
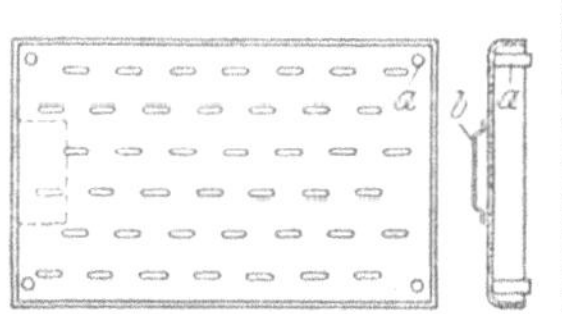
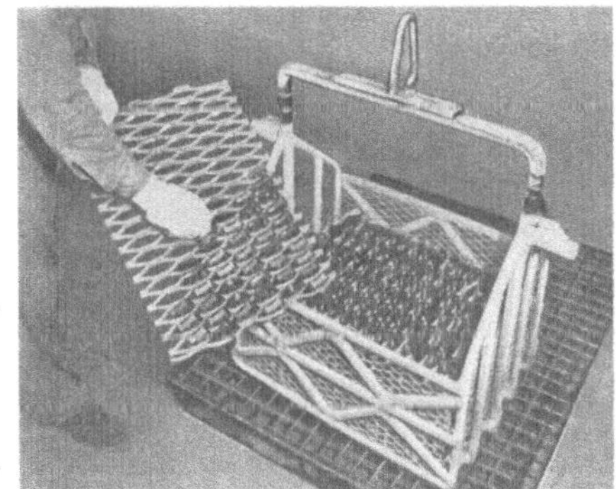

Bild 57. Gesenkblock
in Scherenzange.

Bild 58. Aufnahmeblech.
a Auflagestifte; b Flacheisen
zum Befördern.

Bild 59. Siebkorb mit Einlegeböden.

mehrere auch ganz ungleichartige Teile zugleich. Müssen die Teile einzeln abgekühlt werden, wie z. B. empfindliche Werkzeuge, so holt man sie auch einzeln aus dem Ofen. Gleichartige Teile dagegen, die zu mehreren erwärmt werden, werden zweckmäßig auch zusammen abgekühlt. Das ist meist mit recht einfachen Mitteln möglich.

Kleine Teile wie Rollen, Kettenbolzen, Kugeln, Federn, Schrauben, Zentrierbohrer usw. werden in großen Mengen auf einem durchlochten, aufgebogenen Blech (Bild 58) oder in einer Schale oder Sieb aus hitzebeständigem Blech erhitzt und dann kopfüber ins Wasser gestürzt. Es lassen sich auch mehrere Bleche übereinanderschichten, indem man sie auf Eckstiften (*a* in Bild 58) ruhen läßt. Zum Erwärmen in Bädern legt man die Teile in Siebkörbe (Bild 59) oder, besonders für senkrechte Glühöfen, auf übereinander angeordnete Sieb- oder Steckbleche (Bild 60). Ringe für Wälzlager u. dgl. kann man einfach mit einem Draht

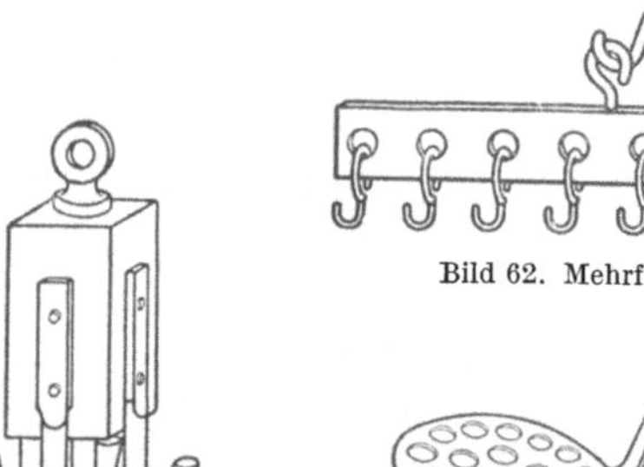
Bild 62. Mehrfachhalter.

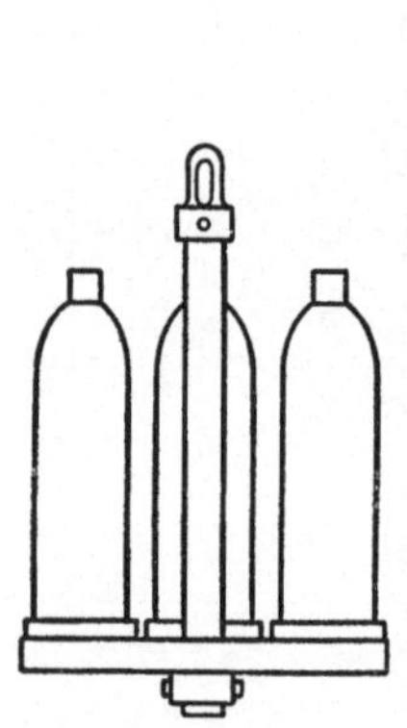
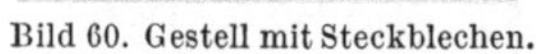
Bild 60. Gestell mit Steckblechen.  Bild 61. Vierfacher Haken.  Bild 63. Gelochte Haltevorrichtung.

zu 10, 20 oder mehr bündeln (Bild 56) und so, an einem Haken gehalten, im Bad erhitzen und auch zusammen abkühlen.

Für Teile, die zu mehreren, oder jeder in bestimmter Lage bzw. Richtung gehalten werden sollen, dienen einfache Halter. Bild 61 zeigt einen vierfachen Haken

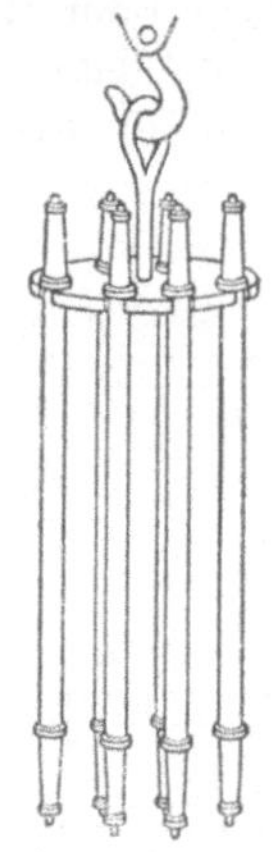
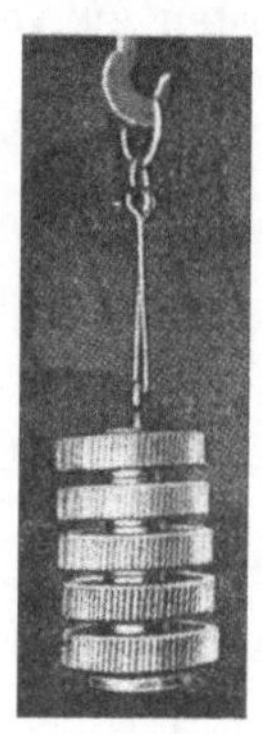

Bild 64. Vorrichtungen für gleichzeitige Aufnahme mehrerer Werkstücke.

Bild 65. Vorrichtungen für gleichzeitige Aufnahme mehrerer Werkstücke.

Bild 66. Vorrichtungen für gleichzeitige Aufnahme mehrerer Werkstücke.

Bild 67. Vorrichtungen für gleichzeitige Aufnahme mehrerer Werkstücke.

zum Halten von vier angedrahteten Werkstücken, Bild 62 einen achtfachen Halter für Ringe, Scheiben oder dgl., Bild 63 einen Halter, wie er manchmal zum Härten oder Ausglühen der Mitnehmerflächen von Spiralbohrern, Schaftfräsern oder ähnlichen Werkzeugen, die mit ihrem Schaft durch die Löcher gesteckt werden, benutzt wird. Die Bilder 64···67 zeigen Aufnahmen für große Werkstücke zum Erhitzen im Schachtofen und zum nachfolgenden Abkühlen. In allen Fällen endet die Tragkonstruktion oben in einer Öse für den Kranhaken. In Bild 64 stehen Stahlflaschen auf der schweren quadratischen Grundplatte, die an dem senkrechten Tragbalken befestigt ist. Die Achsen in Bild 65 stehen gleichfalls auf einer Grundplatte, werden aber weiter oben noch durch eine starke Lochplatte gehalten. In Bild 66 hängen 6 Achsen an einer Platte, während in Bild 67 fünf Zahnräder von einem Bolzen getragen werden. Entsprechende Konstruktionen können auch für kleine Teile, wie Spindeln, Bohrer usw. in entsprechender Verkleinerung benutzt werden.

Alle diese Vorrichtungen zeichnen sich aus durch Einfachheit ihrer Herstellung, durch Robustheit und durch geringen Aufwand für Beschicken und Entleeren. Ihr Gewicht ist gering, was sowohl für ihre Wärmeaufnahme von Be-

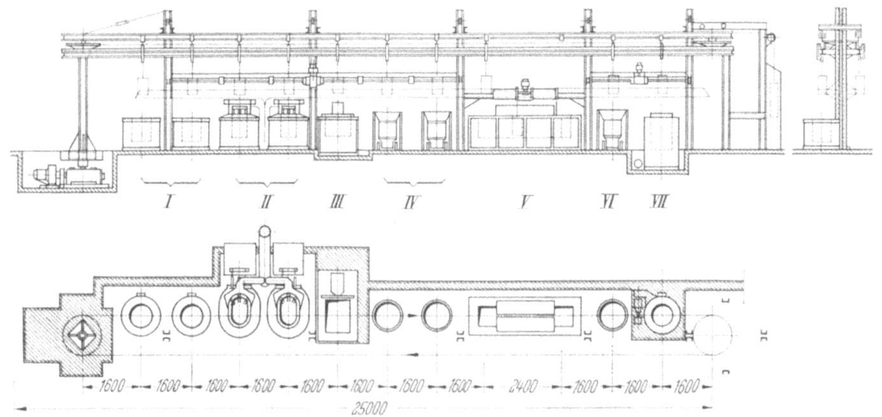

Bild 68. Salzbadanlage mit periodischem Vorschub (Bauart DEGUSSA).
Längs-Anlage mit folgenden Stationen: I. Vorwärmen an Luft; II. Erwärmen auf Härtetemperatur; III. Abschrecken im Warmbad; IV. Abtropfen und Auskühlen; V. Anlassen; VI. Abtropfen; VII. Reinigen.

deutung ist als auch für ihre Handhabung. Als Fördermittel für Öfen mit kontinuierlichem Betrieb kommen die bereits erwähnten Ketten, Rollen oder Stößel (s. Abschn. 38) in Frage. Sie müssen nicht nur auf dem Herdboden angeordnet sein, sondern für Teile, die hängend durch den Ofen befördert werden, auch an der Herddecke befestigt werden können. Ein ununterbrochener Arbeitsablauf kann aber auch bei periodisch betriebenen Öfen (z. B. Salzbadöfen) erreicht werden. Eine solche Anlage zeigt Bild 68.

Die Senk-, Transport- und Hubbewegungen folgen hier rhythmisch aufeinander. Dabei bestimmt der Arbeitsgang mit der geringsten Verweilzeit die Taktzeit. Die Kapazität der anderen Ofeneinheiten ist darauf abzustimmen. Meistens wird diese taktbestimmende Operation das Abschrecken sein. Setzt man dafür z. B. 10 min an, für das Anlassen 20 min und für das Erwärmen 30 min, so sind dementsprechend 2 Anlaßöfen und 3 Wärmöfen notwendig, wenn die Taktzeit erhalten bleiben soll. Ähnlich ist bei der nicht kontinuierlichen Erwärmung in Durchlauföfen zu verfahren. Eine andere Möglichkeit besteht darin, die Öfen oder Bäder, durch die die Teile kontinuierlich hindurchgeführt werden, in ihrer Länge auf diesen Rhythmus abzustimmen. Um Platz zu sparen, kann die Transportanlage auch kreisförmig angeordnet werden, wie es in der Autoindustrie bei Salzbadanlagen häufiger gehandhabt wird.

## III. Reinigen und Richten

**59. Reinigen.** Wie dem Härten oft ein Reinigen vorausgehen muß, so ist es in vielen Fällen auch hinterher nötig oder doch erwünscht.

Werkstücke, die im Glühofen erhitzt, in Öl abgeschreckt oder in Öl angelassen werden, sind hinterher mehr oder weniger dunkel, fleckig, unsauber, ölig. Das anhaftende Öl kann man sehr gut mit *Sägemehl* aufsaugen, wobei die dunkle Färbung vom Öl erhalten bleibt. Gründlicher entfernt man das Öl durch *Ab-*

*kochen* in Sodawasser oder in den im Handel käuflichen Entfettungsmitteln. Das hat, gleich nach dem Anlassen ausgeführt, noch den Vorteil, daß es ein stufenweises Abkühlen ergibt. Manchmal werden Teile, die beim Härten sehr schmutzig geworden sind, vor dem Anlassen gebürstet oder in verdünnter Schwefelsäure gebeizt. Sollen die Teile metallisch blank sein, so werden sie — besonders in der Massenfertigung — abschließend mit Sand, Stahlkies u. dergl. in sich drehenden *Scheuertrommeln* blank getrommelt oder mit den gleichen Mitteln in einer *Strahlanlage* gestrahlt. Will man durch das Abkühlen in Öl eine gleichmäßig dunkle Oberfläche haben, z. B. für Schraubenschlüssel u. ä., so rauht man die Fläche vor dem Härten im Sandstrahlgebläse auf.

Bei einer Wärmebehandlung im Salzbad besteht der Reinigungsprozeß aus mindestens 3 Phasen: 1. Inlösungbringen des am Werkstück haftenden Salzes; 2. Abwaschen und Auslaugen der dabei gebildeten Salzlösung und 3. Rostschutz. Dabei ist die Phase 1 besonders stark abhängig von der angewendeten Abschreckmethode. Beim Abschrecken in Wasser lösen sich die meisten Salze selbst auf oder werden durch die Dampfentwicklung abgelöst. Schwer lösliche Salze können durch ein Nachspülen in einem Lösungsmittel entfernt werden. Dasselbe gilt mit gewissen Einschränkungen auch, wenn in Salz abgeschreckt wird. Die Salzhersteller beraten auch hier ihre Kunden gern bei der Auswahl der Reinigungsmittel. Bei der Abkühlung in Öl setzt man dem Waschwasser am besten einen salzbeständigen Emulgator zu, durch den das Öl rascher abgelöst wird. An der Luft abgekühlte Teile sollten nicht erst lange herumliegen, sondern sofort vom Salz gereinigt werden, um ein Rosten zu vermeiden. Anschließend werden die Teile mit frischem, fließendem Wasser abgebraust und dann in eine Rostschutzemulsion getaucht.

**60. Richten.** Haben sich Teile infolge der vorausgegangenen Wärmebehandlung verzogen, so müssen sie gerichtet werden. Bei flachen Teilen wie Sägeblätter, Ringe, Messer, kann das einfach mit dem Hammer auf der Richtplatte geschehen. Die aufgebogene Stelle wird dadurch zurückgeholt, daß man mit der Finne eines nicht zu schweren Hammers auf die *hohle* Seite schlägt und diese dadurch streckt. Zylindrische Teile, wie Achsen, Spindeln, Bohrer, Reibahlen, können ebenso gerichtet werden, doch zieht man es meist vor, sie durchzudrücken. Handelt es sich, wie bei eingesetzten, um nur teilweise harte Werkstücke, so besteht keine Schwierigkeit: man drückt die erhabene Stelle unter der Hand- oder hydraulischen Presse durch. Sind die Teile durchgehärtet, wie z. B. Werkzeuge, so muß man die durchzudrückende Stelle vorsichtig erwärmen. 150···200 °C dürften ausreichen und

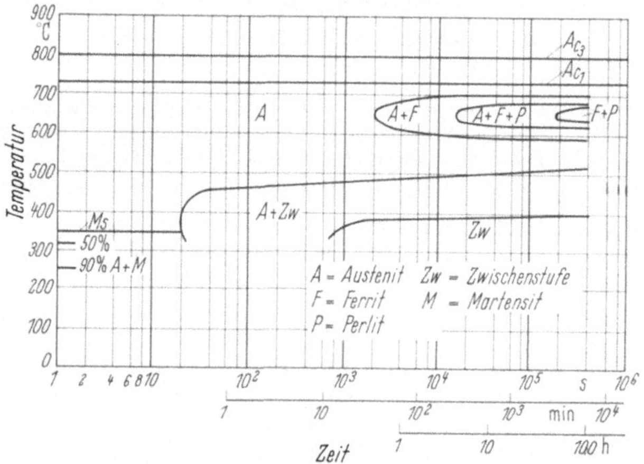


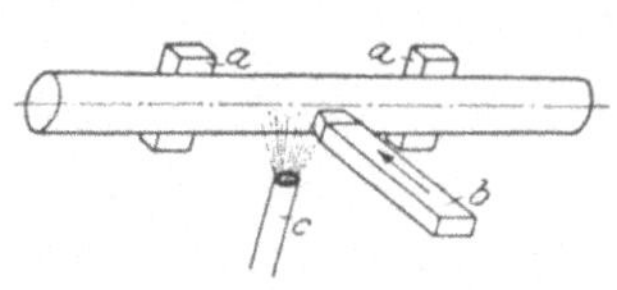

Bild 69. Richten zylindrischer Teile.
*a, a* Auflageprismen;
*b* Druckstempel; *c* Bunsenbrenner.

Bild 70. ZTU-Diagramm für einen Stahl mit 0,3% C; 2,5% Ni; 1% Cr; 0,4% Mo; (Austenitisierungstemperatur: 850 °C; Haltedauer: 10 min.

schaden auch der Härte des Werkstückes nicht. Diese Erwärmung kann als zweites Anlassen angesehen werden, oder es wird gleich die erste Anlaßwärme zum Richten ausgenutzt. Bild 69 zeigt schematisch eine geeignete Anordnung. Nach dem Richten soll das Werkstück langsam abkühlen.

Werkstücke aus Schnellstahl und hochlegierten Chromstählen lassen sich noch leicht richten, bevor sie bis auf Raumtemperatur abgekühlt sind. Am vereinfachten ZTU-Diagramm in Bild 70 sei das kurz erläutert. Wie das Diagramm zeigt, besteht bei diesen Stählen die Umwandlungskurve des Austenits aus zwei getrennten Ästen. Zwischen 700 °C und 600 °C liegt das Gebiet der Austenit–Perlit-Umwandlung und zwischen 500 °C und 350 °C das Gebiet der Austenit–Bainit-Umwandlung. Dazwischen findet keine Umwandlung statt. Solange das Gefüge aus Austenit besteht, kann der Stahl ohne Gefahr der Rißbildung verformt werden. An der Zeitskala kann man ablesen, wieviel Zeit für das Richten zur Verfügung steht. Solche ZTU-Diagramme, die für alle Stahlsorten verschieden sind [18], können auf Wunsch vom Stahlhersteller bezogen werden. Bei Massenartikeln erfolgt das Richten am besten in einfachen Vorrichtungen.

Bei Werkzeugen. wie z. B. Fräsern, ist ein Richten meist nicht möglich. Etwaigen Verzug kann man nur durch Schleifen oder zweckmäßige Aufnahme beim Schleifen wieder beseitigen.

# IV. Ursache und Vermeiden von Fehlern

Ist ein Werkstück gerissen, ist es zu weich oder entspricht es sonst den Anforderungen nicht, so sollte man immer versuchen, die Ursache zu finden, um in Zukunft die gleichen Fehler zu vermeiden. Dabei ist die Wärmebehandlung, die das Werkstück durchlaufen hat, möglichst genau festzustellen. Oft geht das nicht ohne eine metallographische Gefügeuntersuchung oder eine chemische Analyse der Stahlzusammensetzung.

**61. Spannungen und Sprödigkeit** sind bis zu einem gewissen Grade beim Abschrecken unvermeidlich. Dies und wie sie möglichst gering gehalten werden können, ist in [1] erörtert. Die Spannungen können so gering sein, daß sie nicht hervortreten und stören, sie können aber auch unangenehm werden und zum Verzug führen. Werden sie zu groß, so reißt das Werkstück. Daran hat oft die Sprödigkeit des Martensitgefüges ebensoviel Anteil wie die Spannungen. Deshalb ist das überhitzte Härten, das beide fördert, besonders nachteilig. Das kommt recht häufig vor, besonders in schlecht eingerichteten Härtereien, durch Benutzung ungeeigneter Öfen, durch das Fehlen von geeigneten Meßgeräten, durch ungenaue Anweisungen u. ä.

Ein anderer, kaum seltenerer Fehler, ist es, wenn die Spannungen, die durch die Vorbearbeitung entstanden sind, nicht vor dem Härten durch Glühen aufgehoben werden. Dieses Spannungsfreiglühen ist bei hochgekohltem, unlegiertem und niedrig legiertem Werkzeugstahl am nötigsten und immer dann unerläßlich, wenn die Werkstücke sich beim Härten möglichst wenig verziehen sollen. Alle Spannungen im gehärteten Werkstück können durch Anlassen — möglichst hoch und möglichst lang — gemildert werden.

**62. Ursache von Rissen.** Oft kann man aus dem Aussehen der frischen Bruchfläche oder aus der Form und dem Verlauf des Risses auf die Ursache schließen.

a) Ist die Bruchfläche *rostig*, so ist der Riß beim Abschrecken im Wasser entstanden. Seine Ursache ist entweder Überhitzung oder ungleiches und zu schroffes Abkühlen.

b) Ist die Bruchfläche *dunkel* und *oxydiert* oder „*grobfaserig*" (Holzfaserstruktur), so liegt ein Fehler im Stahl vor.

c) Zeigt die Bruchfläche *grobes Korn*, so ist der Stahl überhitzt. Ist sie weiß glänzend, ist der Stahl verbrannt und dadurch seine Widerstandsfähigkeit gegen Spannungen vermindert worden.

d) Risse an vorspringenden, dünnen Teilen der Werkstücke, oft *bogenförmig* (Kugelrisse), sind die Folge von zu schnellem, ungleichmäßigem Erhitzen oder ungleichem Abkühlen.

e) Risse, die von scharfen Ecken oder eingeschlagenen Buchstaben ausgehen, sind die Folge der durch die *Kerbwirkung* sehr gesteigerten Spannungen.

f) Feine Risse auf der Oberfläche in netzförmiger Anordnung an den Schneiden oder in ihrer Nähe, sind nicht beim Härten entstanden, sondern beim nachfolgenden Schleifen (Schleifrisse). Sie sind die Folge von starker Abkühlung nach örtlicher Erwärmung.

Methoden zur Rißprüfung findet der Leser in [5].

**63. Ursache ungenügender Härte.** Es kann entweder die ganze gehärtete Oberfläche des Werkstückes zu weich sein oder nur einzelne Stellen.

**a) Die ganze Oberfläche ist zu weich.** Das kann liegen:

*am Werkstoff*: es kann ein Stahl mit zu geringem Kohlenstoffgehalt vorliegen, der überhaupt keine genügende Härte annehmen kann. Es kann auch die entkohlte Schicht, die fast jeder angelieferte Stahl hat, nicht entfernt sein, oder es kann sich beim Erwärmen eine neue derartige Schicht gebildet haben. In diesem Fall wird der Stahl unter der Schicht gut hart sein, was sich mit einer Feile fühlen läßt.

*am Erhitzen*: es kann die Härtetemperatur nicht hoch genug oder zu hoch gewesen sein. Die Härte ist dann meist auch recht ungleich, das Korn nicht gleichmäßig fein.

*am Abschrecken*: es kann das Abschreckmittel nicht schroff genug oder nicht lange genug gewirkt haben. Die Härte ist wieder ungleichmäßig (an Ecken und Kanten höher), ebenfalls die Korngröße.

**b) Die Oberfläche ist stellenweise weich.** Das kann (außer an den unter a) angegebenen Ursachen) liegen:

*am Werkstoff*: er kann stellenweise entkohlt sein oder Schwefel aus den Feuerungsgasen aufgenommen haben.

*am Abschrecken*: es können einige Stellen vom Abschreckmittel nicht stark genug bespült sein. Es können angesetzte Gasblasen, Schmutz oder Salz die Abkühlung beeinträchtigt haben. Die weiche Stelle kann auch an der Gefäßwand, an der Zange oder benachbarten Stücken angelegen haben. Vielfach werden die mittleren Bereiche ebener oder gekrümmter Flächen nicht gut hart, weil die Wärmeableitung hier schlechter ist als an den Kanten und Ecken.

**64. Beseitigen und Vermeiden ungenügender Härte.** Oft ist ungenügende Härte durch ein wiederholtes Härten, das die anfänglichen Fehler vermeidet, zu beseitigen. (Ausnahme: wenn beim Härten gleichzeitig eine Entkohlung stattgefunden hat). Vorhergehen muß ihm ein Normalglühen des Werkstückes oder doch ein sehr vorsichtiges und langsames Erwärmen. Eine evtl. entkohlte Schicht ist vorher zu entfernen.

Ganz geringe, besonders auch stellenweise Entkohlung kann man auch dadurch unschädlich machen, daß man das Werkstück in aufkohlenden, cyanhaltigen Salzen erwärmt, oder daß man es vorher in eine kohlende, zähflüssige Masse taucht bzw. diese aufstreicht.

Dicke Werkstücke, wie Stahlwalzen oder starke Teile mit Spitzen oder Kanten wie Gewindebohrer, Reibahlen u. a. werden manchmal erst dann gut hart, wenn man ihren Vorrat an innerer Wärme durch Hohlbohren verringert.

Auf die Bedeutung und die Verfahren der Härteprüfung soll hier nicht näher eingegangen werden. Sie sind in [5] eingehend behandelt.

# Schrifttum

## a) Werkstattbücher, die das vorliegende Heft ergänzen


[1] Heft 7:    MALMBERG, W.: Glühen, Härten und Vergüten des Stahles, 7. Aufl. 1961.
[2] Heft 11:   DUESING, F. W., u. A. STODT: Freiformschmieden, I. Teil, 4. Aufl. 1954.
[3] Heft 12:   STODT, A.: Freiformschmieden, II. Teil, 3. Aufl. 1950.
[4] Heft 32:   KOTHNY, E.: Die Brennstoffe, 2. Aufl. 1953.
[5] Heft 34:   RIEBENSAHM, P., u. P. W. SCHMIDT: Werkstoffprüfung — Metalle, 6. Aufl. 1965.
[6] Heft 50:   HEINRICH, E.: Die Werkzeugstähle, 2. Aufl. 1964.
[7] Heft 69:   WUNDRAM, O.: Elektrowärme in der Eisen- und Metallindustrie, 2.Aufl.1952.
[8] Heft 89:   GRÖNEGRESS, H. W.: Brennhärten, 3. Aufl. 1962.
[9] Heft 115:  SCHUSTER, F.: Die Gaswärme im Werkstättenbetrieb, 1954.
[10] Heft 116: HÖHNE, E.: Induktionshärten, 1955.
[11] Heft 121: KAUCZOR, E.: Metall unter dem Mikroskop, 2. Aufl. 1964.


## b) Eine kleine Auswahl weiterführenden Schrifttums


[12] RUHFUS, H.: Wärmebehandlung der Eisenwerkstoffe, Düsseldorf: Verlag Stahleisen 1958.
[13] Eisenhütte, 5. Aufl., Berlin: Ernst & Sohn 1961.
[14] HAUFE, W.: Schnellstähle und ihre Wärmebehandlung, München: Hanser 1951.
[15] RAPATZ, FR.: Die Edelstähle, Berlin/Göttingen/Heidelberg: Springer 1962.
[16] BRUNST, W.: Die induktive Wärmebehandlung, Berlin/Göttingen/Heidelberg: Springer 1957.
[17] SCHUMANN, H.: Metallographie, 3. Aufl, Leipzig: VEB Deutscher Verlag für Grundstoffindustrie 1960.
[18] Atlas zur Wärmebehandlung der Stähle, hrsg. vom Max-Planck Institut für Eisenforschung in Zusammenarbeit mit dem Werkstoffausschuß des VDEh von F. WEVER, A. ROSE, W. PETER, W. STRASSBURG und L. RADEMACHER, Düsseldorf: Verlag Stahleisen 1954...58.


## c) Einige Firmenschriften


[19] Prospektmappe der Fa. Aichelin, Korntal/Stuttgart.
[20] Durferrit-Taschenbuch der Fa. Degussa, Frankfurt/Main.

# Sachverzeichnis

# Werkstattbücher

Kurzgefaßte Einzeldarstellungen über
Grundlagen, wissenschaftliche Erkenntnisse, praktische Erfahrungen
aus den Gebieten

Fertigungsverfahren; Werkzeugmaschinen, ihre Antriebe und Steuerungen;
Werkzeuge; Werkstoffe; Messen und Prüfen; Betriebsorganisation

## Verzeichnis der zur Zeit lieferbaren oder in Kürze erscheinenden Hefte, nach Fachgebieten geordnet

Preis jedes Heftes DM 4,50 (der mit * bezeichneten DM 6,–, der mit ** bezeichneten DM 7,50)
Bei gleichzeitigem Bezug von 10 beliebigen Heften ermäßigt sich der Heftpreis um 20%)

## X. Antriebe, Getriebe



## XI. Prüfen, Messen, Anreißen, Rechnen



## XII. Betriebsfragen, Organisation